零浪费种菜

NO-WASTE KITCHEN GARDENING

用厨余种出新鲜的蔬菜水果

[美] 凯蒂·埃尔泽-彼得斯 著

王秀莉 译

中国轻工业出版社

图书在版编目（CIP）数据

零浪费种菜 /（美）凯蒂·埃尔泽–彼得斯著；王秀莉译. — 北京：中国
轻工业出版社，2021.12
ISBN 978-7-5184-3624-8

Ⅰ.①零… Ⅱ.①凯…②王… Ⅲ.①蔬菜园艺 Ⅳ.①S63

中国版本图书馆CIP数据核字（2021）第163892号

责任编辑：郭耧英　　责任终审：张乃東　　整体设计：知壹文化
策划编辑：郭耧英　　责任校对：宋绿叶　　责任监印：张京华

出版发行：中国轻工业出版社（北京东长安街6号，邮编：100740）
印　　刷：当纳利（广东）印务有限公司
经　　销：各地新华书店
版　　次：2021年12月第1版第1次印刷
开　　本：710×1000　1/16　印张：8
字　　数：127千字
书　　号：ISBN 978-7-5184-3624-8　定价：45.00元
邮购电话：010-65241695
发行电话：010-85119835　传真：85113293
网　　址：http://www.chlip.com.cn
Email：club@chlip.com.cn
如发现图书残缺请与我社邮购联系调换
201130S6X101ZYW

目录

导言　4

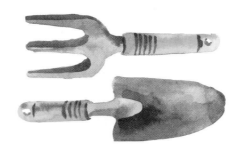

导　言

在拓荒时代和世界大战的年月中，我们秉承的是节约俭朴、重复利用的生活方式，到了战后，则演变成追求便利和消费主义的文化，因而产生了大量的废弃物——罐子、瓶子、塑料袋，等等。近些年，钟摆又摆回了更具责任心的方向。如今，倡导零浪费生活方式的政治和社会运动显然已经成为我们生活的一部分，杂志文章、书籍和政治辩论中都能看到这种变化——自不必提还有很多人已经过着这样的生活，只是没有张扬。有些人在这方面做得卓有成效，每年产生的垃圾不到一袋。

当然，对我们大多数人来说，这未必现实。

不过，我们也有很多可以实际去做的，比方说，审视日常生活，看看可以在哪些方面做到回收、再利用，以及种植再生——这正是本书的主题。

一旦你开始低浪费或零浪费的生活方式，就会发现这像是一个游戏，这个游戏有看得见、摸得着的结果。越来越多的消费者采用了零浪费的生活方式，他们有老有幼，原因多种多样，个人观点也不尽相同。有些人是出于绿色环保的初衷，要保护地球，还有一些人是对自给自足有强烈的需要，或希望能做好准备应对一切可能。

无论是出于什么动机，那些希望实践零浪费生活方式的人，在起步阶段有很多实用的方法。

零浪费生活方式

零浪费生活方式的消费者总是在千方百计地减少垃圾、节约用水、绿化家园。方式多种多样。首先，购物时，挑选包装可以回收或重复使用的产品。尽可能购买散装产品。其次，自建堆肥或查找市政堆肥计划，回收利用庭院废弃物（树叶、树枝、杂草、剪下来的草屑），不要把它们和其他垃圾一起丢进垃圾填埋场。

稍稍花些心思，便可以启发出许多节约用水和循环利用水的小方法。小处累积，积少成多，能对环境保护做出很大贡献。在家里的排水管下放一个集雨桶收集雨水，可以浇灌花园里的盆栽植物和高架花床。淋浴时，在手边放一个容量为19升的水桶，将热水流出前的冷水收集起来，可以给室内植物浇水。做饭时，将煮面条、焯蔬菜的水冷却下来，可以给户外的植物浇水。

很多厨余可以种植再生，如胡萝卜、洋葱和莴苣。既节省时间和金钱，也能收获很多乐趣！

我们总觉得园艺是一项"绿色"活动，实际上，园艺会产生大量废弃物，比如种在塑料容器中的新植物、购买的地面覆盖物以及化肥，都是废弃物的来源。开启零浪费园艺，首先要重复利用院子里产生的所有材料。从小树枝到杂草，从修剪下的枝叶到上一季的一年生植物，院子里会产生大量有机物质。与其扔掉，不如切碎用作地面覆盖物，或建一个肥堆，可以改善土壤。

与其每年购买装在塑料容器中的新植物，不如学习如何从种子开始种植。参与植物交换，大家互通有无。旧罐子、酸奶杯和丢了盖子的旧塑料容器，都可以给植物使用。在扔掉任何东西之前，都想一想这些东西可以如何加以再利用。文件柜、旧手推车和旧家具能够打造出有趣而时髦的容器植物花园。旧工具可以用来制作新奇的棚架或桩子。

最后，零浪费生活意味着做饭要适量，做出来要吃掉，不能浪费。同时，食材要物尽其用。留心一下平时处理水果和蔬菜的过程，你会发现最终剩下了一大堆东西，这些东西通常会被丢掉或拿去堆肥。

不用着急！我们正在接近零浪费生活的终极形式。实际上很多厨余可以种植再生，不必用来堆肥。将零浪费发挥到极致！

零浪费厨房种植

阅读本书正是为了一种生活方式，实践这种生活方式，那些被丢掉或拿去堆肥的食材能够以某种方式被重新利用。读完本书后，你看待杂货店、农贸市场或食谱的方式将发生天翻地覆的改变。每当你拿起一个果实，一根蔬菜，第一个想法会是："这个能不能种植再生？"

做饭过程中，很多被丢掉的植物部分都可能被进一步利用——当然只是可能啦，具体情况还要具体分析。你可以把做汤或做沙拉时剩下的厨余拿去堆肥，你也可以将其中很多种植再生，只需厨房操作台那么大空间，或院子里的一小块地方，几乎可以种出整个菜园。

你有很多理由这么做。

为什么要种植再生厨余？

省钱。种植再生厨余真的会节省日常买菜的费用吗？这取决于你吃什么以及你对种植的投入程度。例如，有些结球莴苣（即生菜）可以种植再生。如果菜店里卖4块钱一头，你能种出一头来，那就赚到了4块钱。

新鲜的香草能为饭菜增添很多风味，但也很贵。谢天谢地，你很容易利用在农贸市场买到的一星半点香菜种植出新的来。

手边总有新鲜食材。如果有一个储备充足的储藏室，你不用去市场就能做出美味佳肴。然而，香草和绿叶蔬菜越新鲜味道就会越好。如果你的窗台上长着一排漂亮的小苗，就不必委曲求全选择干菜。

减少厨房垃圾。希望你已经在堆肥了。如果还没有，你可以通过第1章的内容了解一下这方面的知识。堆肥很简单，可以减少清理垃圾的麻烦，还能为户外花园提供营养丰富的土壤改良剂和地面覆盖物。有些人千方百计将能利用的材料种植再生，剩余部分拿去堆肥，产生的垃圾少之又少。

控制食物来源。近年来，人们已经注意到，曾经被认为绝对安全的食物却引起食物传播疾病的案例不断增加，如莴苣引发大肠杆菌感染。病源通常可以追溯到商业食品生产领域所施用的肥料和收获期间的农产品处理过程。当你在自家的料理台或花园里种植再生自己的食物时，这种风险就完全消失了，你可以精确地控制食物的生长过程。

节省园艺花销。 将一些厨余种植在露天花园里，它们会苗壮成长，成熟之后等着你的采摘和收获。用厨余培育出来的植物越多，春季种植需要购买的植物秧苗就越少。

好玩！ 将原本用于堆肥或直接扔进垃圾桶的厨余材料变成阳台上或花园中多产而苗壮的植物，这是一种极为有益又有趣的体验。我特别喜欢观察胡萝卜缨子生长——不仅美味，而且非常好看。

让孩子参与进来

本书里的所有项目对孩子们来说都很棒，这些项目相对简单，但几乎都可以产生有趣的结果。孩子们有机会了解食物从何而来，同时能学习到一些植物学和园艺学方面的知识。如果孩子们的学校或兴趣小组需要搞什么科学项目，和植物有关的项目也总是会成为大热门。

本书使用说明

本书第1章是关于种植再生厨余的基础科学与实践。在这章中，你可以学着去了解植物的结构，可食用香草、蔬菜和水果的生长周期，以及如何在种植再生厨余时利用这个生长周期。接下来的一系列章节中，你可以学到很多干货，这些章节详细说明如何根据不同的繁殖形式种植再生食物——从让蔬菜在水中生根，到收集种子并种植，再到自己培育可以移栽到菜园的幼苗。你的厨房将大变样。

零浪费厨房种植正在召唤你。这就开始吧！

第**1**章

零浪费种菜：
原理和操作方法

||||||||||||||||||||||||||||||||||

　　植物是非常不可思议的生物。小小的种子中包含了生长成高大的橡树和长长的葫芦藤所需的一切。有些植物，把切下来的枝条浸入水里，就能观察到它们生了根。有些植物生长，开花，结籽，然后回枯，到了第二年又从根部萌发，它们属于多年生植物，其中一些生命可能会持续几十年。一年生植物的生命就要短很多，生长期不到一个生长季便会迎来凋谢和枯萎。

　　为了种植再生厨余，你需要掌握一些基本的植物科学知识。我们食用的蔬菜可能是植物的种子、根、叶、茎或某种变态茎，你需要能够识别试图种植再生的是植物的什么部位，以及这一部位在植物生命周期的哪一阶段。这些信息将帮助你了解种植再生工作会有什么结果。

　　除了本书中提及的植物之外，还有许多植物都可能再生，但书中没有涉及。我关注的植物是那些种植简单而产出丰富的，因为我们的目标不仅是收获美味，还要收获开心。通过本章信息，你可以大体了解种植再生植物的基础知识，这些知识不仅适用于我提及的植物，同样也适用于我没有涵盖到的植物。

植物结构:
生根长出茎干,吃掉叶子

你学习到的零浪费家庭种菜的知识会越来越细致,有一个首要原则要始终铭记在心:**你想种植再生的植物必须包含某种形式的茎生长点。**

所谓的"生长点",形态多种多样,在不同类型的植物和植物的不同部分都各不相同。根上有生长点,茎上也有。我们将在后文关于植物结构的专门段落中讨论更多这方面的内容。想种植再生植物,关键是找到一个可以扩展为更多茎、更多枝、更多叶或更多花的点。

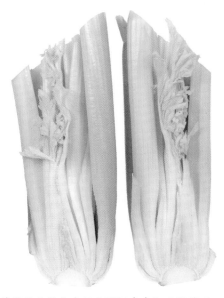

芹菜的生长点实际上深埋在我们吃的茎里。

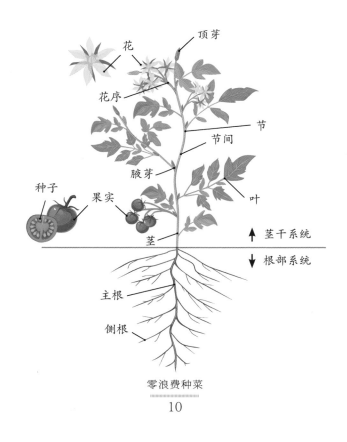

根

根是植物的地下部分，植物通过根吸收营养和水分。根的末端有生长点，所以根在土壤中会一直向下生长，但是在根的任何地方都没有茎生长点。如果你想种植再生根用蔬菜，必须寻找顶部完整的，即便没有叶子，至少要寻找顶部没有被切掉的蔬菜。

根用蔬菜包括：

- 甜菜根
- 胡萝卜
- 欧防风萝卜
- 水萝卜

- 芜菁甘蓝
- 红薯
- 芜菁
- 山药

我们最喜欢种植再生的蔬菜有些就是植物的根：甜菜、胡萝卜、芜菁、欧防风萝卜和水萝卜。你并不会种出全新的胡萝卜，但会得到一些美味的萝卜缨子。

一棵红薯可以产出多个块根。

　　我们吃的根有两种主要类型：主根和块根。我们吃的大多数根菜都属于主根类，像胡萝卜、芜菁和水萝卜。如果长出叶子的主根顶部仍然完好无损，你可以种植再生一些叶子来吃，但是不能再生主根本身。

　　红薯和木薯是有块根的植物。这些植物和有主根的植物的区别在于，你可以从块根的一个切片种出一整株全新的植物。这个过程不难，但确实包含许多步骤（见第2章第51～55页）。

茎

茎通常是生长在地上的，但也有生长在地下的或部分地上、部分地下的变态茎。茎和根的区别在于，茎有可以长出新的分支、最终形成花朵（然后再形成果实和种子）的生长点和芽。茎是支撑叶、花、种子、果实和植物的其他地上部分的结构。所有这些部分统称为茎干。

从根本上说，树干就是一个有枝和叶的大型的茎。这和你吃的东西是怎么联系在一起的呢？如果你正在吃的植物部分长出了分支或叶子，那就是茎。如果你吃的东西上有小芽，那就是茎。茎的顶端也有一个生长点，会生长出新的植物结构。如果没有能够发育成新植物结构的芽，那就不是完整的茎。

茎是我们吃的最复杂的植物部分，因为茎有许多不同的形式，还包含许多小结构。

看起来就是茎的茎用蔬菜包括：

- 小葱（分葱）

- 球茎甘蓝

- 韭葱（印度大葱）

韭葱是植物的茎。

如果你购买的是整株植物，看起来大体上像茎的茎用蔬菜或水果包括：

- 芹菜（茎在芹菜的中心）

- 莴苣（如果你买了一整根莴苣的话）

- 菠萝（顶部）

地下的变态茎类蔬菜

复杂的是，一些茎主要生长在地下。怎么区分它们和根呢？地下茎有芽，可以长出新的茎和叶。下面是地下茎的一些变体：

- 块茎是肉质变态茎。土豆是块茎的一个典型。土豆的"芽"实际上是可以长出小枝的生长点。

- 根茎是在地下横向生长并有芽的变态茎。它们可能有点多肉，但不像土豆那么多。姜是根茎。

- 球茎是另一种生长在地下的变态茎。生长点实际上被埋在球茎内部深处，由被称为球茎鳞片的变态叶保护着。洋葱是球茎，但洋葱被吃掉的部分其实是变态叶。

叶

叶包括两个部分：叶片（你认为的叶子）和叶柄，或称叶茎，它连接着叶片和主茎。

叶有两种：单叶和复叶。单叶由一个叶片和一个叶柄组成。叶柄与植物茎相连的地方通常有芽。生出芽的部分被称为节。复叶由附着于同一个叶柄上的数个小叶子组成，叶柄长在植物的主茎上。番茄叶是复叶。

大多数食叶的蔬菜和香草很容易识别，因为它们看起来就像树叶，但可以食用。有些叶菜是以完整的植物形态出售的（想一下莴苣和卷心菜）。有些以完整的茎出售（如罗勒、芫荽和迷迭香等鲜香草）。为了轻易地种植再生出叶菜，我们种植的部分需要连着一些植物茎。

常见叶菜

- 罗勒
- 卷心菜（通常按头售卖，一头就是一根茎）

- 芫荽
- 橄榄菜
- 莳萝

图中分别是莳萝、莴苣和平叶欧芹的叶子，叶子一般是我们能吃到的营养最丰富的蔬菜部位。

- 菊苣
- 羽衣甘蓝（通常叶子被扎成捆售卖）
- 莴苣（散叶莴苣不能重新生根。结球莴苣可以，只要茎的底部仍然完好无损。）

- 莙荙菜（又名瑞士甜菜，以叶子为食，不包括茎）
- 欧芹
- 迷迭香
- 菠菜
- 百里香

常见叶茎类蔬菜

一些广受欢迎的蔬菜，如芹菜，实际上是叶茎（叶柄）——你吃的"茎"不是主茎，而是叶柄。整株出售的底部完好的芹菜可以重新生根。大黄通常是以切下来的茎的形态出售，不能重新生根。

请记住：没有生长点或芽就意味着再生是不可能的。

我们吃的洋蓟是开放前的花朵。

这个西蓝花已经可以采摘了，一旦开花，再采摘就晚了。

花

如果意识到自己吃花的频率，人们往往会大吃一惊。你最喜欢的食物中有一些就是花、花头（一个长满了一束小花的大植物结构）或者连着茎的花。

花是植物的繁殖器官。它们是茎叶和种子之间的"中间"阶段。茎有可以不断生长的生长点，种子有生长出新植物所需的一切。而花既没有前者，也没有后者，它们的小细胞既不能生根，也不能再生长。但它们被设定为要产生种子。

一旦植物进入开花模式，就很难让它不开花。对于大多数可食用植物来说，开花意味着要么让植物继续生长，直到结出可以重新种植的种子，要么把植物部分扔去堆肥，重新再种。

因此（当然还有一些其他原因），如果要将茎插条生根（例如，一些香草植物的茎部插条），你需要在植物开始开花之前切下插条。比方说，如果从开花的罗勒植株上切下插条，将很难生长出美味的叶子来，因为这株植物现在已经启动了开花程序。或者，如果你把西蓝花的茎切掉底部后插入新鲜的水中，顶部的绿色小点会开放成花朵，但几乎再无其他变化。

我们吃的花

- 洋蓟
- 西蓝花
- 菜花

果实和种子

我们吃的许多蔬菜实际上是果实。从严格的植物学角度来看，任何在结构中有种子的东西都是果实。（种子也可以在果实表面，草莓的种子就是长在果实外面的。）

我们常吃的一些果实和种子如下：

- 鳄梨（即牛油果）
- 香蕉
- 干豆
- 新鲜的豆子（如青豆）
- 黑莓
- 厚皮甜瓜
- 鹰嘴豆
- 谷物
- 黄瓜
- 茄子
- 绿豆
- 橙子
- 花生
- 豆角
- 辣椒
- 玉米
- 覆盆子
- 番茄
- 西瓜
- 西葫芦

鳄梨是果实。

果实里的种子值得一试，因为它们提供了再生植物的另一种方法。一个苹果切成两半不能生根，但是你可以把种子从苹果里取出来，准备好一粒种子，把它种下。干燥的、能从果实上剥离下来的种子可以直接种植——干谷粒、干豌豆和花生是很好的选择。湿软的种子没有完全发育好，也不会生长，例如，西葫芦不含干种子，因为在它长到成熟之前就被吃掉了。香蕉也是同样。不过，西瓜种子可以种植。

最终结果是：有疑问，那就实验！这就是本书的关键。你可以种植再生一个在菜店买到的不寻常的水果或蔬菜，这一点已经相当令人惊讶。要做到这一点，你需要了解一些关于植物生长的知识。

植物如何生长

我们吃的大多数植物来自开花植物，它们都有相似的基本生命周期，不同类型之间略有差异。

植物的生命周期

1. 种子落在土壤中或被种在土壤中。

2. 种子发芽，生长，长出叶子。

3. 植物长出花。正在开花的植物正处于繁殖阶段——一切都是为了产生种子。

4. 花朵开放，由昆虫、其他动物或风授粉。

5. 花的基部（子房）膨胀成果实，果实内产生种子。

6. 种子成熟并被传播。植物生命周期重新开始。

种植再生植物

"你此刻看到的，并不一定是你能得到的"，这是零浪费厨房园艺的一个主题。

当你从园艺中心购买一根幼苗或一包种子时，你买的是可以直接种到地里或花盆里的东西。基本上是在植物生命周期的早期阶段种下，然后单纯地完成这个周期。

花的子房膨胀成果实。此图中，可以看到在西葫芦花的底部正在形成一个果实。

你购买蔬菜，本来是为了食用，而不是为了种植，用它们的剩余部分种植再生也是为了食物，所以这个过程会有些不同。你的目标不必是种植出一株完整的植物，而是可以利用植物生命周期的某个阶段。例如，零浪费种植胡萝卜不是为了种出新的胡萝卜，而是长出萝卜缨子作为绿叶蔬菜。从菜店买的成捆的胡萝卜已经过了生长新根的生命阶段，所以不能种出新的根。零浪费种植在利用的，是生命周期中的另一个阶段。

植物繁殖的不同方式

从旧植物中获得新植物的方法有好几种。在自然界，植物繁殖的方式有：

- 传播通过花卉和果实产生的种子。

- 传播根。

- 延伸扩展出其他部分，然后生根并长成新的植物。

最后一种方法被称为营养繁殖，对植物学家和零浪费种植园丁来说是关键技术。

购买顶部完好的甜菜根，就可以种植再生出绿叶，享受美味沙拉或炒菜。

一种植物的顶部被嫁接到另一种植物的底部上，许多我们喜欢吃的水果都是通过这样的方式培育出来的。图中，一种已知品种的果树（如蜜脆苹果）枝条被剪下，嫁接到抗病能力强的砧木（苹果树的另一个品种）上一起生长。

零浪费种菜

营养繁殖：再生整株植物和部分结构

有些植物部分你可以直接插入水中或土壤中，它们会重新生根。这便是营养繁殖。这方面操作的细节在本书后文许多植物的专门段落中有详细介绍。当你利用营养繁殖再生植物而不是从种子再生时，可能有三种结果：

- 一整株全新的植物，成长形成一次全新的收获。土豆是最好的例子，洋葱、姜根和芹菜也是。

- 植物继续生长。例如，你可以把一头莴苣放在水中（前提是莴苣的底部完好无损），让它继续生长。你会得到更多可食用的叶子。

- 长出完全不同的东西。这主要发生在种植再生胡萝卜、芜菁、水萝卜或甜菜等根菜的顶部时。购买这些蔬菜主要是为了吃根，你可以让植物的顶部重新生长，享受绿叶，直到植物耗尽元气。

我们吃的许多可食用植物来自植物的营养繁殖枝。简单地说，这意味着植物的这一部分（称为"插条"）可以取下来，生根（种植）或嫁接（可以在另一棵支持植物上生长）。许多受欢迎的水果，尤其是苹果，都是这样生长的。如果你吃了一个澳洲青苹果，把它的种子种下，不太可能收获到澳洲青苹果。柑橘树几乎都是这样生长的。你可以种下橙子中的种子，但是谁也不知道最终会得到什么样的水果。（柑橘类植物是不同物种之间复杂杂交产生的，还有许多是营养繁殖的。柑橘家族的谱系树相当有趣！）

工具、材料和物资

现在你已经了解零浪费家庭种植背后的科学，可以开始收集种植再生你最喜欢的水果和蔬菜所需要的物资了。

本着零浪费种植的精神，挑战一下自己，去回收和再利用容器，在户外的一小块空间里种植植物。当你成功地保存种子或繁殖出植物时，可以与朋友、邻居慷慨分享。

因为《零浪费种菜》并不是一本综合全面的园艺书籍，这一章涵盖了与种植再生相关的园艺最重要的方面。我关注的是如何从剩余的烹饪材料中多挤出一些使用价值。如果你想要关于室内或户外长期园艺的详细说明，包括能让花四季常开的工具和技术，有很多其他的书可供参考。（在第124页的参考资料部分我列出了一些我个人最喜欢的。）

种植再生蔬菜和水果更像是一项科学实验。像科学家一样，你需要有一些简单物资，以便随时投入种植再生。

容器

对于水培再生，可以收集一些浅托盘、杯子、小碗、各种大小的罐子和一两个广口花瓶。

对于土壤种植再生小型植物，可以收集带有排水孔的盆和容器。花盆直径为10～60厘米，具体所用花盆的大小取决于你种植再生的是什么。如果有盛水的托盘和覆盖容器的透明托盘或盖子，会更加方便。如果你一次要发很多种子，最好有一个育苗盘和放在下面的配套接水托盘。

我习惯用旧的塑料外卖容器或带盖子的农家干酪容器来发芽——豆子、香料或其他种子皆可。

盆土

对于大部分种植再生项目，我一般都推荐灭菌无土混合栽培基质。这种混合物中不含会导致再生植物腐烂的细菌或真菌。

工具

种植再生需要几件工具，如果你手头没有这些工具，会有些手忙脚乱。确保有一把锋利的刀来切断根部和顶端，一把修枝剪或普通剪刀来修剪正在种植的东西，一个浇水喷壶，一个保湿喷雾瓶和一个清理种子用的细网筛。如果计划种植再生有核或坚果类植物，小清单中再加一个胡桃夹子。

如果在户外种植植物，手边准备一把园艺刀或手锄用于种植，一个四齿耙用于疏松土壤。在户外虽然也可以用喷壶浇水，但对大面积作业来说，软管和喷水枪会更快捷。

其他

还有一些其他物品，你会经常用到，需要定期补充。买一盒牙签（优质结实的牙签，不要细软的），用来使蔬菜和种子悬浮在水中。手边准备一卷纸巾和一卷保鲜膜，植物发芽时做环境保湿用。切割、修剪或移栽植物再生部分之前，建议用来苏水或异丙醇对修枝剪、刀具和容器进行消毒。

其他所需物品将在单独的植物种植再生的说明中列出。

种植再生方法

后面的章节是按照种植再生的植物部分和将用到的相关种植技术来组织编排的。如果你有特定的要种植再生的植物，可以通过索引查找相关内容——要知道，可能有不止一种方法噢！

这里稍作简要描述，让你先体验一下。

土壤种植再生根或地下茎

在土壤中种植再生根或地下茎时，你需要切下一部分植物，把它种植在土壤中，浇水，看着它生长。挺简单的！种植结果因植物而异，这很有趣，也很容易做到。

土壤种植再生茎部或变态茎

在土壤中种植再生茎部或变态茎与种植再生根和地下茎很相似，只是在你种植再生的顶部（茎）上通常会连着一些根。同样，种植结果有很多种可能。

水培再生茎部或全株植物

水培再生茎部或全株植物超级简单，把要再生的茎部（即插条）插入一杯水中即可。细微差别在于搞明白如何处理再生的结果，以及如何延长收获期。通常要将植物移进土壤继续生长。

发芽测试及预发芽

在大量种植种子之前，用少量种子做一个发芽测试，看看它们是否会发芽。

所需物品

　　种子，纸巾，带盖子的塑料容器（或塑料封口袋）。

1. 浸湿三张纸巾。

2. 将纸巾层层叠放，放在塑料容器的底部，一半的长度垂在外面。

3. 将你想要测试的种子每种放三颗在湿纸巾上。

4. 将另一半纸巾折叠，盖住种子。

5. 盖上容器盖子。

6. 将容器置于温暖但黑暗的地方4～6天。（厨房的柜子就很合适。）

7. 检查哪些种子已经开始发芽。发芽的就是你可以种植在户外的种子啦！

种植种子

说到再生，你可能不会想到种子，但是种植种子确实符合零浪费种植的理念。你经常可以从烹饪用的食物中保留下一些种子——例如，冬瓜。有时也可以拿香料来发芽，或者用几粒玉米做实验。你可以把所有种子种在土壤里，但鳄梨除外，它需要先在水中发芽。在尝试发芽之前，对一些种子进行发芽测试通常是有帮助的（见第24页）。

以上所有的"种植技术"都是指这些蔬菜或水果再生的第一步或主要步骤。在许多情况下，为了延长收获期，你需要把植物移植到户外或更大的容器中。这些细节会在单独的植物章节中进行阐述。

苗壮生长：室内与户外

以下这些基本的园艺知识将帮助你持续种植再生厨余，室内或户外种植都用得到。

种出食物所需的基础条件

土壤： 在室内使用无土混合栽培基质种植再生植物。如果在户外种植，检查土壤的酸碱度，确保不是高碱性（pH高于8.0）或高酸性（pH低于5.5）土壤。你可以在园艺中心买到pH检测套装，使用起来并不难。在你计划种植植物的地方添加堆肥也是一个好主意——本章稍后将详细介绍堆肥。最好松一下土，松土深度8~15厘米，这样土壤会变得更加适宜种植。可以用园艺耙或四齿耙来松土。

光照： 所有生长在户外的可食用植物都是在阳光充足的情况下最好吃。天气变暖时，可以给喜阴的绿叶蔬菜做遮阴设施。如果在室内种植，考虑投资一个小型植物生长灯，以获得更持久、更美味的收成。有一些小的桌面组合的生长灯，还有一些看起来像书架的组合装置，每层架板下方都有灯来照射下面的植物。如果你还没有准备好做这样的投入，那就把植物放在家中阳光最充足的地方。

水： 大多数可食用植物都需要持续的水分。无论室内还是户外，土壤的湿度应该都像拧干的海绵一样。要持续保持这种湿度，你浇水的频率和水量可能和你以为的不一样。

养分： 如果只是想随便有点收获而水培或土壤种植再生一些插条，就不需要施肥了。如果想在户外种植一种全季节蔬菜或水果，你需要给它补充养分。相关说明在专门的植物介绍中。

户外种植与室内种植

本书中对室内种植和户外种植的介绍内容基本相当。现实是，有些植物会长得太大，如果想有所收获，就不能在室内生长。如果你有一整间日光暖房专门用于室内园艺，那你可以创造一个由南瓜藤、花生、土豆和红薯等各种植物组成的丛林。如果你有无限的电力预算和一个大地下室，也可以设置生长灯，种出所有食物。

大多数人是为了享受厨余种植再生带来的快乐，直到把它们扔去堆肥。可以直接在户外插条或把植物移植到户外种植，或者直接把保存的种子种在户外。每种植物的章节中都有详细的描述，说明特定植物部位的最佳处理措施，以及如何从中收获最大乐趣。

结束（也是开始）：堆肥

一切美好的事物最终都要有个结局。厨余只能种植再生一定的次数，终将迎来不能继续利用的结构。莴苣结实不再生长。甜菜不再长出绿叶。接下来该怎么办呢？堆肥！

堆肥是长得像土壤的黄金。它就像花园里的胶带，几乎可以解决任何问题。土壤排水过快？添加堆肥以保持水分。土壤太黏重，排水慢？添加堆肥以减轻土质。雨水将有益的营养物质从土壤中冲走的速度比自然补充的速度快吗？添加堆肥来保持营养。在一些地方，如果不先加入堆肥，你甚至不能施肥，因为肥料会被直接从土壤中冲走。

堆肥只是被自然存在的微生物分解过的有机物质（如蔬菜皮、芜菁头、蛋壳、咖啡渣、碎树叶、草屑、报纸）。因为它们的成分已经被微生物分解，植物可以吸收其中的营养物质。在土壤中添加堆肥对植物是有益的，但直接添加一堆生胡萝卜皮是不行的。堆肥为植物提供的养分是植物可以利用的形式。它还可以给现有的土壤微生物提供食物，使它们保持健康，分解自然落入花园中的物质，如落叶或树枝。花园里的所有东西都是相互关联的，只种植再生植物的一小部分时很容易忘记这一点。

买一个厨房堆肥桶，也可以自己动手做一个。

厨房堆肥容器

要真正减少厨房里的废弃物，你需要更方便地收集残渣，直到准备好把它们放到堆肥里。最好的方案通常是在厨房水槽下放一个容量为19升的桶。把报纸铺在底部，每次添加新的厨余残渣时，在上面加一层新的碎纸。如果清理的频率不是很高，可以在容器中撒一些木炭，以吸附气味。

你也可以直接购买专门的厨房堆肥容器。通常是陶瓷或金属的，配有密封盖子。有些有通风口和木炭过滤器，以减少异味。这些容器不贵，也不是很大，装不了太多东西。哪种选择适合你，取决于产生多少废弃物。

现在你已经了解了基础知识，开始动手种植再生吧！

第 **2** 章

土壤种植
再生根和地下茎

||||||||||||||||||||||||||||||

你发现厨房里压箱底的土豆发芽了吗？不用扔去堆肥。可以把土豆切开，埋进土里，你会收获一批新土豆。和土豆放在一起的胡萝卜有些蔫巴了，你知道吗，它们也能再生。虽然种不出新的胡萝卜，但你能收获茂盛的萝卜缨子，非常适合佐汤和做沙拉。再说了，观察胡萝卜生长真的很好玩。

并非所有生长在地下的蔬菜都是根菜。有些是真正的主根（如胡萝卜），有些是块根（如红薯），还有一些，严格来说是块茎（如土豆）。它们都长在地下，到底有什么区别呢？

根和块茎的主要区别在于：块茎会在多个地方冒出芽来，而主根和块根只在根的顶部出芽或长出部分茎。对比一下土豆和胡萝卜，就可以清楚直接地看到这种区别。种植再生这些植物时，了解这种区别至关重要。

当你准备种植再生这些植物时，记得寻找"芽眼"，也就是生长点，确保你种植的每一片植物上都有一个芽眼。否则，你埋下的土豆不会发芽，反而会腐烂——只能堆肥，不能再生。

可选植物

- 土豆
- 姜
- 姜黄
- 红薯
- 胡萝卜
- 甜菜
- 芜菁
- 水萝卜

◀ 自己动手培育出红薯苗。详情见51页。

胡萝卜

　　胡萝卜的根部不会再生，而是长出新的胡萝卜缨子，你可以用这些胡萝卜缨子拌沙拉，也可以放上一些大蒜煸炒，或放到汤里做配菜。胡萝卜是二年生根菜，只在生长的第一年长主根。在商店里买到的胡萝卜已经处于生长期第二年，所以没有办法再次长出根部。如果没有收割，而是让根部留在地里继续生长，植株最终会长出花梗，开花并结籽。

菜店里的胡萝卜经过处理，以防顶部发芽——这样就不能再生了。如果你想种植再生胡萝卜，买菜时需要提前考虑一些事情。最好选择叶子完好的胡萝卜。但在菜店很难买到这样的。可以寻找顶部有褐色斑或黑色斑的胡萝卜，那是茎部的残余。如果顶部是切口整齐的橙色，肯定没办法再生。

如何种植再生胡萝卜

需要一把锋利的刀、一个直径至少15厘米的花盆、无土混合栽培基质和一个浇水喷壶。

1. 准备胡萝卜，用刀整齐切开胡萝卜，只留大约2.5厘米，保留顶部。如果胡萝卜上有叶子，剪下叶子，注意保持胡萝卜的顶部完好无损。（保留原来的叶子会妨碍胡萝卜长出新叶子。）见图 a。

2. 将无土混合栽培基质装在花盆里，这种栽培基质是无菌的，防止胡萝卜末端因细菌或真菌腐烂。给栽培基质浇水，潮湿度达到和拧干的海绵差不多的程度。

3. 将胡萝卜插入栽培基质中，顶端朝上，土埋到胡萝卜一半的高度。见图 b。

4. 将花盆放在阳光充足的地方，保持土壤湿润，但不要过潮。

妙趣知识点

胡萝卜是伞形科芹亚科的成员，芹亚科还包括莳萝、茴香、防风、芹菜和香菜。有"安妮女王的蕾丝"这一有趣别称的野胡萝卜也是这个植物家族的一员。如果让胡萝卜、莳萝或茴香开花，就能看出它们的相似之处，都有平顶的花头，由许多长在短花梗上的独立的花聚集而成。这种花名为伞形花序。把花头倒过来看，真的很像一把伞！伞的英文umbrella，伞形花序为umbel，都起源于同一个拉丁文单词*umbra*，意思是"阴影"。

幸运的话，胡萝卜顶部会开花，看起来很美，还会结籽，你就可以收获啦。

种植小窍门

胡萝卜是喜凉爽气候的蔬菜。如果在户外种植，建议在仲春或仲秋时节种植。

收获并继续种植！

随着萝卜缨子生长，便可以收获啦，记得保持土壤湿润。大约一周内可以看到顶端发芽，长到可以吃还需要几周的时间。可以根据需要剪掉缨子食用。

胡萝卜缨子是可食用的，可以代替欧芹放在沙拉、汤和三明治中，非常美味。只要还在长叶子，就尽情享受吧。有可能会发出花梗，很漂亮。一旦开花，可以留一些种子，把剩余部分堆肥。如果没有长出花，可以移栽到阳光充足的地方。浇水，然后就可以期待花梗了。幸运的话，会得到一两枝花梗，还可以收获种子。如果储存在凉爽干燥的条件下，种子可以保存3年。（经验法则是要储存在温度约10℃和湿度50%的环境中。）

你可以挖出姜的整棵植株，再用一些小姜块重新种植。

姜

　　做菜用的姜很贵，为什么不买一次然后自己种植呢？我们吃的姜块来自一种热带植物，这种植物夏天可以在户外生长，冬天可以在室内生长（如果你在几乎无霜的地区，可以在户外种姜，让它随便生长）。姜可以为汤、咖喱和炖菜增添美味，也可以用来煮茶。

　　我们吃的部分是姜的根茎，或称地下茎。随便购买一块用于烹饪的生姜，上面肯定会有多个生长点，也就是芽眼。如果想种植再生姜，购买时就要寻找有机的或未经处理的姜。土豆也是如此。如果菜店里的姜已经长出了一点芽，那是种植再生的最佳材料。这种姜非常适合零浪费的园丁。

如何种植再生姜

需要一把锋利的刀、一个直径15～30厘米的花盆、无土混合栽培基质和一个浇水喷壶。

1. 准备种植用的姜，把姜块掰开或用刀切成大约2.5厘米长的小块，要保证每块上面都有芽眼。放置一两天，稍微晾干后再种植。这是一个重要的步骤，因为新鲜的切口上容易滋生细菌和真菌，如果细菌和真菌渗透进去，姜块在生长前就会腐烂。姜块放置的时间不要超过一两天，如果彻底干透，就很难再生了。见图 a。

2. 将无土混合栽培基质装入花盆，这种栽培基质是无菌的，避免细菌或真菌导致姜块腐烂。给栽培基质浇水，湿度像拧干的海绵一样。土壤不要太潮，否则也会导致姜块腐烂。

3. 将姜块放入栽培基质中，芽眼朝上。盖土，2.5～5厘米厚。间隔8～10厘米。4～5寸花盆可以种3块。9寸花盆可以种6～8块。见图 b。

4. 把花盆放在明亮且光线充足的地方，等待姜块生长。等植株的茎长得比较大之后，你会注意到土壤干燥得更快，需要更频繁地浇水。

b

收获并继续种植！

种下姜3～4个月后，秧苗如果长得很好，可以将苗旁边的土挖开一些，露出根，从姜根上掰下小块来食用。如果植株长得过大，最初种植的花盆盛不开了，把它移植到一个更大的花盆中即可。夏季将花盆放在户外，可以刺激植株快速生长。（这意味着收获会更多，收获时间也更早！）

生长大约一年后，挖出整株植物，将茎干剪下来堆肥，将根部清理干净保存起来，然后重新开始整个种植过程。姜能在冰箱里保存2～3周，不过很快就会失去味道。可以把姜去皮，磨碎，分成小堆，每堆1～2汤匙（15～30毫升），放在烤盘上或塑料容器里，再放进冷冻室里冻住，最后收集装入塑料袋里存放，可以在冰箱冷冻室里保存6个月，每次食用拿出一小份即可。

姜黄

　　新鲜姜黄是相当奢侈的！刚磨碎的姜黄根香气宜人，能给汤、沙拉提味，特别是蛋类菜肴。然而，新鲜姜黄很贵，有时很难找到，为什么不尝试自己种植呢？姜黄有很好的抗炎作用，在健康食品市场的草药区经常能看到密封容器装的干姜黄。

　　自己种植姜黄，开始时需在室内种植，夏天移到户外。姜黄花很漂亮，会给花园带来热带风情，除了能收获可食用的根茎外，这也是值得种植姜黄的重要原因。

种植小窍门

　　姜黄会把你的手染成黄橙色，所以在处理新鲜姜黄时要戴上手套，或者在切完后立即清洗手和垫板。

如何种植姜黄

需要一把锋利的刀、一个直径至少15厘米的花盆、无土混合栽培基质和一个浇水喷壶。

1. 用刀切下几块姜黄根。每块约2.5厘米长，至少要有两个芽眼。你也可以用手掰，但姜黄质地很密实，直接切开会更容易。将姜黄块干燥一天，防止细菌和真菌从切口进入。见图  。

2. 将无土混合栽培基质装在花盆里。使用无土栽培基质，可以避免会导致切块腐烂的细菌和真菌滋生。给土壤浇水，像拧干的海绵一样湿润。注意不要让土壤太湿。如果浇水过多，可以多加一些栽培基质，直到湿润程度满意为止。（如果花盆最后装得太满，可以取出一些。土壤的表面和花盆的顶部之间要有2.5厘米的高度差。）

3. 将姜黄块插入栽培基质中，芽眼朝上。盖土2.5～5厘米厚。间隔8～10厘米。4～5寸花盆可以种3块姜黄。9寸花盆可以种6～8块。

4. 将花盆放在明亮且光线充足的地方，等待切块生长。随着植物变大，需要更频繁地检查土壤湿度和浇水。

妙趣知识点

姜黄根可以用来给各种各样的东西染色，从纺织品到芥末无所不能染。它们为化妆品增添色彩，还被用于印度教的婚礼仪式。

收获并继续种植！

一开始种植姜黄可以用直径15厘米的花盆。把一小块姜黄种在大盆里可能会因浇水过多而导致腐烂。冬天，大盆还会占用室内的大量空间。如果想多种多收，茎高达到15厘米时，把植株连根移植到更大的花盆里，夏天可以把花盆放置在户外。姜黄喜欢的户外环境与番茄相同——夜间温度在18℃以上。

需要8～9个月才能长出足够大的可供食用的姜黄根。如果12月开始在室内种植再生姜黄，到第二年开始出现霜冻时，就能挖掘出大量成果。任何时候都可以种植姜黄，但这个时间一般会获得大丰收。

当根部可以收获时，植物的茎部可能会枯萎或变黄。即使它们没有变，你仍然可以按照上述时间表，在8～9个月后挖出根部。将老茎修剪

掉，用于堆肥。将根部的泥土洗净，掰成小块，去皮，然后储存在密闭的容器中，放在冰箱里。（去皮是一个可选步骤。姜黄的皮不是那么厚，像胡萝卜皮，薄薄的一层，不像土豆皮那么厚。）你可以直接从冰箱里取出姜黄磨碎，放在正在做的任何菜肴上。虽然质地密实，但姜黄的纤维比姜少，更容易磨碎。记得把收获的姜黄留出几块，以便再次种植！

如果你的土豆已经像这样发芽，就非常适合种植再生！

土豆

想要低投入、高回报？种植土豆吧！土豆是块茎，只要没有为了防止发芽而经过化学处理，就能继续生长。你大概也有过这样的经历，一袋土豆放置太久结果发芽了。有机土豆最适合种植再生，因为它们不太可能进行过防止发芽的处理。购买土豆时，记得选结实的土豆，以便种植再生。

种植厨余土豆时，可以先在室内育苗，再种植到户外，也可以按照下文的说明，将土豆直接种植到户外的花园中。土豆通常不太适合在室内种植到成熟，因为植株会长得非常大。

如何种植再生土豆

需要一把锋利的刀、异丙醇、一个大花盆（直径45～60厘米，能种植两块左右）、盆栽土和一个浇水喷壶。如果要先将土豆发芽再种植到户外，需要一个育苗盘和无土混合栽培基质，而不是花盆和土壤。

1. 将土豆清洗干净，按以下方法准备种植。用异丙醇对刀进行消毒。不要跳过这一步骤，如果细菌或真菌进入切口，土豆特别容易腐烂。

2. 观察土豆，确定上面的芽眼。将土豆切成2.5～5厘米大小的块儿，注意在每块上留两个芽眼。见图 ⓐ。

3. 将切块放在阴凉干燥的地方晾几天，再种植。不要跳过这一步骤，因为新鲜的土豆切块很容易受到土壤中微生物的攻击，这一步能避免发生这种情况。这个"痊愈"过程中，土豆的切面上会形成新的保护层。

4. 如果打算在花盆中种植土豆，花盆中要填入大约一半土。如果想对土豆进行预发芽，以便在外面的花园中种植，在育苗盘中填入无土混合栽培基质。无论哪种方式，都要给土壤浇水，像拧干的海绵一样湿润。

5. 将土豆块放在盆中或育苗盘上，覆盖5～8厘米厚的土壤。在盆中种植土豆，两块之间要留出15厘米的间距。如果是预发芽，切块之间留出2.5～5厘米的间距。

6. 将花盆或育苗盘放在阳光充足的地方，发芽过程中保持土壤湿润。当预发芽的土豆长出几片叶子时，便可以移植到户外。植株之间留出45厘米的间距。如果在花盆中种植土豆，随着茎的生长逐渐添加土壤，在土壤线以上始终只留2～3组叶子。见图 。

收获并继续种植！

土豆是喜凉爽气候的蔬菜。如果想在户外种植，要预先发芽或种植在花盆里，在最后一次霜冻前2～3周移到户外。随着植物的生长，你可以给茎部培土，以增加产量。（将土壤堆到土豆茎周围，只让几组叶子露在土外。）如果没有定期降雨，在植物开花时要专门浇水。

在植物开花3周后就能收获新的土豆，轻轻挖掘植株周围，寻找小块茎。在叶子变黄后的几周内收获其余的土豆。挖出土豆，晾晒几天，清洗后储存在阴凉、通风的地方。

妙趣知识点

托马斯·杰斐逊将法式炸薯条引入了美国。他于1784～1789年担任美国驻法国公使，期间曾经吃过这种做法的土豆。在1802年的一次白宫国宴上，他要求厨师以法国人的方式炸土豆，当时是切成薄片后油炸。不过，直到20世纪初，炸薯条才全面流行起来，至今依然是美国人消费土豆的主要方式之一。

甜菜

　　甜菜是菜单上的热门菜品。走进一家"农场到餐桌"直采食材的餐厅，你会看到至少一份以甜菜为特色的沙拉。除了传统的红甜菜外，菜店货架上还有白色、金色和红白条纹相间的甜菜。只要它们的叶子或根部的顶端完好无损，就可以种植再生。

　　甜菜是二年生的主根，和胡萝卜很像，甜菜的生长点在根上。种植再生甜菜时，是种植上面的部分，即甜菜缨子，而不是根部。甜菜缨子很好吃。嫩甜菜缨子是花式沙拉组合中的主要成分。较大的甜菜缨子（从商店买的甜菜上切下的部分）加大蒜和柠檬汁一起炒非常美味。

如何种植再生甜菜

需要一把锋利的刀、一个直径15厘米的花盆、无土混合栽培基质以及一个浇水喷壶。

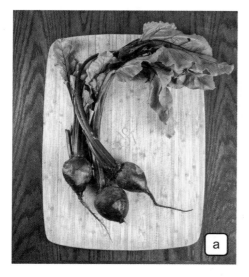

1. 准备甜菜，用刀将甜菜根部整齐地切开，只留下2厘米高，保留顶部。如果甜菜上有叶子，剪掉叶子，注意保留顶部的完整。保留顶部的叶子会阻止更多的叶子生长，剪下的叶子可以用于烹饪。见图 ⓐ ⓑ。

2. 将无土混合栽培基质装在花盆里，这种栽培基质是无菌的，避免甜菜因细菌或真菌而腐烂。土壤表面和花盆边缘的高度差为2.5厘米，这样浇水时，土壤就不会漂浮起来溢到盆外。土壤要保持像拧干的海绵一样湿润。

种植小窍门

处理甜菜时要戴上手套，或在切片、切块后立即清洗手和台面。红甜菜会将接触到的一切都染成红色的，你肯定不希望自己的厨房看起来像个谋杀现场。

3. 将甜菜切块插入栽培基质中，顶部
   朝上。把甜菜埋到一半左右，顶部
   留在土外，植株之间留出1.5～2.5厘
   米的空间。它们不需要很大的空间。

4. 将花盆放在明亮且光线充足的地
   方。在甜菜顶部开始发芽和生长
   时，保持土壤湿润。

收获并继续种植！

   只要甜菜还在长叶子，就让它继续生长。剪下嫩叶，可以用在沙拉或汤
里。停止生长后，可以把茎叶扔去堆肥。你可以试着把甜菜的顶部种在户外，
看看是否会发出花梗。如果成功了，小小的甜菜花能吸引来传粉的昆虫。这也
是种植甜菜的好处之一。你的其他蔬菜会因此感谢你的。

妙趣知识点

   甜菜是抗氧化剂的一个
重要来源，同时也是情绪的
促进剂。甜菜根部含有甜菜
碱和色氨酸，甜菜碱被用来
治疗抑郁症；至于色氨酸，
我们在感恩节火鸡晚餐后一
般会平静地小·憩片刻，其实
就是色氨酸在发挥助眠作用。

植物再生的速度不同，从这两个同时再生的芜菁头就可以看出。

芜菁

　　烹饪得当的话，芜菁是非常美味的。大的芜菁根可以烤着吃，也可以磨碎了吃，和土豆差不多，但芜菁富含更多的维生素。嫩芜菁略带甜味，切成片或磨碎后放在沙拉里生食是很美味的。芜菁缨子（顶部的叶子）在美国南方有着悠久的历史，与火腿肠或咸猪肉搭配洋葱一起煮，是周日晚餐的重要菜品。

　　芜菁是像胡萝卜和甜菜一样的主根，种植再生的技术与其他主根类似，产出也一样。种植再生芜菁时，你会得到美味的芜菁缨子，而不是主根。要确保芜菁顶部完整，否则无法种植再生。

如何种植再生芜菁

需要一把锋利的刀、一个直径15厘米的花盆、无土混合栽培基质以及一个浇水喷壶。

1. 准备芜菁，用刀将芜菁整齐地切开，只留下2厘米，保留顶部。如果芜菁上有叶子，把叶子剪掉，注意保持顶部的完整。保留顶部的叶子会阻止更多的叶子生长，剪下的叶子可以用于烹饪。成熟的大芜菁缨子会生出茸毛，生吃口感不好建议烹饪后再吃。见图 ⓐ ⓑ。

2. 将无土混合栽培基质装在花盆里，这种栽培基质是无菌的，避免芜菁因细菌或真菌而腐烂。土壤表面和花盆边缘的高度差为2.5厘米，浇水时土壤就不会漂浮起来溢到盆外。土壤要保持像拧干的海绵一样湿润。

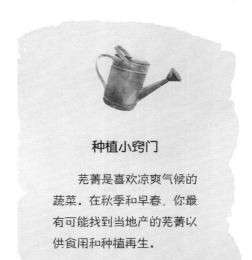

种植小窍门

芜菁是喜欢凉爽气候的蔬菜。在秋季和早春，你最有可能找到当地产的芜菁以供食用和种植再生。

3. 将芜菁顶部插入栽培基质中，顶部朝上。填土，把芜菁埋到一半左右，把顶部留在土壤外面。见图 Ⓒ。

4. 将花盆放在明亮且光线充足的地方。在芜菁顶部开始发芽和生长时，适当浇水，保持土壤湿度。

收获并继续种植！

只要芜菁能长出嫩叶，就可以一直养着。较大的芜菁叶子需要煮熟食用，长度为5厘米或更短的嫩叶可以直接拌沙拉。当芜菁停止生长时，可以堆肥。与甜菜和胡萝卜一样，可以尝试在户外种植再生一些芜菁，可能会长出花梗哦！

妙趣知识点

万圣节的灯笼最初是用芜菁做的。很久很久之前，爱尔兰的凯尔特人在芜菁上刻上人脸，把蜡烛放在刻好的芜菁里，照亮道路，以驱除恶灵。

水萝卜

　　如果你买成捆的带着缨子的水萝卜，得到的叶子比水萝卜本身
还多。大多数人把顶部的缨子切了扔掉，其实它们可以上桌，和其他绿
叶菜平分秋色。用水焯一下再吃是最美味的。在平底锅中融化一点黄油，
把萝卜缨子扔进去，一两分钟后快速取出，用盐和柠檬汁拌匀。如果想要丰
富一些，可以买红心萝卜，它有独特的粉红色和白色的内里。此外，萝卜还有
紫色、黄色、白色和黑色的。

　　要种植再生水萝卜，步骤与种植再生胡萝卜和芜菁等其他主根类植物相
同。结果也类似。你会得到可供生吃或烹饪的嫩缨子，但得不到新的水萝卜。

如何种植再生水萝卜

需要一把锋利的刀、一个直径15厘米的花盆、无土混合栽培基质以及一个浇水喷壶。

1. 准备水萝卜，用刀将水萝卜整齐地切开，只留1.3厘米，保留顶部。如果水萝卜上有叶子，把叶子剪掉，注意保留顶部完整，否则新叶子很难长出来。剪下的叶子可以用于烹饪，方法与芜菁缨子相同。见图 a。

2. 将无土混合栽培基质装在花盆里，这种栽培基质是无菌的，可避免水萝卜因细菌或真菌而腐烂。土壤表面和花盆边缘的高度差为2.5厘米，浇水时，土壤就不会漂浮起来溢到盆外。栽培基质要保持像拧干的海绵一样湿润。

3. 将水萝卜顶部插入栽培基质中，顶部朝上。填土，将水萝卜埋到一半左右，把顶部留在土外。水萝卜可以种得非常密，植株之间留出2.5厘米的间距就够了。它们不需要很大的空间，一个盆里就可以种植再生一整把水萝卜。见图 b。

4. 将花盆放在明亮且光线充足的地方。在水萝卜顶部开始发芽和生长时，适当浇水，保持土壤湿度。

种植小窍门

水萝卜是最容易用种子在花园里种植的蔬菜之一。在春季或晚秋时节种植，当根部直径达到2.5厘米时收获。还可以种植再生顶部，就像对待菜店买的水萝卜一样，没理由只吃根部就直接扔掉。

收获并继续种植！

嫩萝卜缨子（不超过2.5厘米）能为沙拉和三明治增添美味的辛辣味，也可以佐汤。当水萝卜停止长叶子时，可以堆肥。

妙趣知识点

在墨西哥瓦哈卡州，12月23日是一个名为"萝卜之夜"的节日。人们专门为这个节日种植水萝卜，在活动前几天开始雕刻。艺术家们展现精心制作的图景，观看这些作品的游客排队长达数千米。

红薯

红薯是块根，在根的顶部有芽眼。有的芽眼不是很明显，但确实有芽眼！你可以种植再生红薯，收获的东西够吃一整个冬天。红薯的种植过程，从块根到收获，需要三步，但你会很高兴花时间自己种植，因为小小的投入能得到丰硕的收获。

请注意，被处理过的红薯不会发芽。尽量购买有机红薯或从菜市场买。买够吃的之外再多买一个用来发芽。

红薯丰收了，却不知道该如何食用？红薯吃法很多，几乎可以用任何方式烹饪。可以将它们与其他根类蔬菜一起烤，再加上一些你用扦插法种植所得的迷迭香调味（见第116页）。可以将它们煮熟，打成泥，制成薯泥。你还可以做红薯砂锅，或切成薄片油炸着吃。用肉桂调味做甜点或用香草调味做咸食，味道都很好。

如何种植再生红薯

需要一个口径足以容纳红薯的杯子或罐子，还需要牙签、修枝剪或普通剪刀、盆栽土、一个育苗盘和一个浇水喷壶。

自家种植红薯主要有三步：

1. 将红薯生根，使其长出苗，即小植株。

2. 将苗从块根上分离下来，并将苗生根。

3. 将苗种到土壤中。

需要2～3个月的秧苗期后才能够移植到户外。红薯需要几个月的时间才能长出足够大的可以收获的块根。

第1步：让红薯生根，产生苗

1. 将红薯放入罐子或杯子中。根部朝下，茎朝上。这一点说起来容易做起来难。怎么判断哪边是根哪边是茎呢？通常情况下，根的一端比茎的一端细一些，也尖一些。顶端有时有发出来的小芽，由此可以断定这边就是顶端。

    如果红薯比杯子矮，你可以用四根牙签插入红薯的根部，确保顶部探在杯外。

2. 往杯子里装水，让红薯高出水面5～8厘米。见图 [a]。

3. 让红薯长出根部并萌发小芽。顶部的小芽，也就是茎，是我们要用的苗。发芽期间，每周换一次水。不要让根部干掉。这个过程可能需要4～6周时间。

当红薯顶部冒出的小茎达到8～10厘米长时，就可以开始第二步了。

第2步：让苗生根

1. 将红薯苗剪下或扯下来。每个红薯将产生5～15根苗。

2. 在一个干净的玻璃杯或罐子里装上水，把苗插入其中。见图 b。

3. 让苗形成根系。这些根将很快开始发育。当根部达到2.5厘米长时就可以种植了。

第2章　土壤种植再生根和地下茎

第3步：种下苗

你可以将苗种植在育苗盘里，让它们长出更多的根再进行移植，也可以将苗直接种植在户外。最后一次霜冻后约一个月，这时土壤已经回暖，就可以在户外种植红薯了。天气温暖时，将红薯种植在垄上或深耕的土壤中。所谓垄，就是将土壤堆高到10～20厘米，在顶部种植植物，间距45厘米。

移植到花园里的红薯苗开始形成块根。

种植小窍门

在户外地里种植红薯植株能得到大丰收。在容器中种植的红薯有时会产生绕着花盆生长的细长根系，不会膨胀起来形成块根。

零浪费种菜

54

自家种植的红薯，种在花园中的往往比花盆中的长得更加丰满粗壮。

收获并继续种植！

在植株逐渐成熟的过程中保持浇水，确保它们每周至少得到2.5厘米深的水。此后，可以让红薯自由生长，到10月初至10月中旬，小心地在茎部周围挖掘，将丛生的红薯块根拔出来。每根苗将结出3～8个新的红薯。收获后将红薯放在温暖、潮湿的地方一周左右。把表面的土刷掉，用纸袋装好，存放在橱柜里，随时拿出来食用。这些红薯可以保存3～5个月。记得留出一个，接下来继续种植再生！

妙趣知识点

除了可以食用，红薯还有很多其他的用途。生于19世纪60年代（确切日期不详）的乔治·华盛顿·卡弗是一位著名的植物学家和发明家，因研究花生而闻名，他发明了118种以红薯为原料的产品，包括染料、木材填孔剂和图书馆用的糨糊（胶水）。

第 **3** 章

土壤种植
再生茎和变态茎

||||||||||||||||||||||||||||||||||

烹饪用的小葱和韭葱，不要把底端扔掉！你可以种植再生。葱类是茎菜，属于最容易再生的植物。将茎种植再生很合理，很容易上手，因为一开始就拥有了保持植物生长所需的一切。不必怀疑这个茎是否会生长。只需把茎放在一个它能茁壮生长的环境中即可。

正如第1章中所言，球茎，包括大蒜、红葱头和洋葱，都是变态茎。它们的生长点深埋在球茎中心，受到变态叶的保护。分葱和韭葱是由叶（我们吃的部分）和茎（被压缩并位于植物底部）构成的。

这些都是很适宜种植再生的植物，很容易打理，长期来看，收获也非常不错。所有这些植物的基本种植方法都差不多，但结果和时间略有不同。密切注意细节。除红葱头外，葱科植物如果留在花园里，最终会开花结籽。这是保持长期收获的一种方法。任何植物从种子到收获都需要一段时间，这又是另外一个有趣的园艺项目。这些植物中有的也很容易通过水培再生，但产生的长期效果不同。请查阅第5章了解有关水培的更多信息。

可选植物

葱科植物都非常适合种植再生。

- 大蒜
- 洋葱
- 红葱头
- 韭葱

◀ 再生种植两个星期后的韭葱。

（严格来说，根茎和块茎也是变态茎，但根茎和块茎的种植与本章涉及的变态茎和茎不同。前者可查阅第2章。）

种植小窍门

葱科植物大多是喜凉爽的植物。如果打算在户外种植再生或直接种植这些植物，请向当地的合作推广机构咨询，也可以参考你所在地区的园艺图书信息，以确定何时种植能做到收获最多且最佳。

大蒜

你能想象烹饪不用大蒜吗？那会少了多少味道啊！大蒜的辛香气来自植物细胞破裂时发生的化学反应。因此，整头大蒜没有气味，但大蒜末会让你的眼睛冒泪。大蒜的花茎名为蒜薹，可食用。大蒜通常在5～6月收获，样子像是弯曲着的茎，末端膨胀（会绽开为花）。大蒜腌制后特别好吃。

有些菜店出售的大蒜可能已经被处理过，避免出售前发芽。如果你种植它，可能发芽也可能不发芽。去购买有机大蒜，或者寻找已经开始发芽的老蒜瓣。（有时在菜店或菜市场可以找到。）如果你买了一整头大蒜，可以留出几瓣用于种植。为了获得最大的收获，要种植球茎最大的蒜中的蒜瓣。

在室内种植的大蒜无法生长到足够产生鳞茎的程度，但你可以吃蒜苗。如果想种出大蒜头，需要在户外种植。咨询当地的种植信息，了解适合在你所在地区种植的种类以及种植时间。如果要在春天或初夏收获，需要在秋天种植。

大象大蒜（与大蒜相似，但实际上不是大蒜）在极其温暖的气候条件下生长良好。硬颈大蒜在寒冷地区生长良好，而软颈大蒜在温暖的温带地区生长良好。

如何种植大蒜

需要盆栽土、花盆（直径10～15厘米）、一个接水托盘和一个浇水喷壶。

1. 将大蒜分离成单独的蒜瓣。不需要剥皮。见图 a。

2. 在容器里装上盆栽土。（如果在户外种植大蒜，需要翻土耕作，让土变得松软。）

3. 将蒜瓣种在2.5～4厘米深的地方，并用土壤覆盖。可以把蒜瓣密集地种在一起——只需大约1.5厘米的距离。（如果在户外种植，选择一个阳光充足的地方，蒜瓣之间的间距大约15厘米。）见图 b。

4. 给土壤浇水，直到像拧干的海绵一样湿润。

5. 将容器放在明亮且光线充足的地方。保持土壤湿润程度（无论室内或户外）。在室内，你很快可以看到新芽。在户外，短期内可能不会看到新芽。在户外种植的大蒜会先长根，过一些天再长出茎。如果在秋冬种植在户外的话，植物长出根后会进入休眠状态，直到早春时才继续生长。

妙趣知识点

大蒜具有抗菌性，几个世纪以来一直被用作防腐剂和抗生素。

已经发芽的大蒜味道不及之前，不如将它们种植再生。

收获并继续种植！

如果大蒜是在室内种植的，可以剪下蒜苗用于烹饪，会有与大蒜瓣不同的味道，可以当小葱使用。随用随取，直到不再长出叶子，可以将球茎堆肥。

如果在户外种植，等植物长出根，在春天观察新芽。当出现蒜薹（也就是花梗）时，把它们折下来吃掉。这样植物就会把更多能量投入到球茎的生长上，长出大而多汁的大蒜球茎。

当叶子开始枯萎时，就可以把球茎连根拔出来，悬挂晾干。

种植小窍门

种植在户外的大蒜如果叶子开始干枯，就停止浇水。这个时候，植物已接近其生命周期的尾声，要让它干透。

已经出芽的洋葱非常适合种植再生。

洋葱

　　球茎洋葱是那种带着纸质外皮的大洋葱，可以用作三明治的配菜，也可以作为配菜与胡萝卜、芹菜一起炝锅做汤。你的冰箱抽屉里可能总有一个老洋葱压箱底，甚至已经发芽了！这太适合用来做种植实验了，因为真的成功在望。它们已经在生长，你只需让它们保持生长。

　　有些洋葱经过处理，不会发芽。如果你试图种植再生的洋葱没有发芽，这并不是你园艺技能不足。可能只是洋葱的问题。把它堆肥，然后再试试。

　　洋葱对白昼时长很敏感（实际上，它是对夜晚时长很敏感），所以当你在户外种植厨余洋葱时，你会得到有趣的结果。你可能会种出一个新的洋葱球，也可能不会，因为你在种下时不知道种的到底是哪种洋葱。

如何种植再生洋葱

需要盆栽土、一把锋利的刀、异丙醇或来苏水、花盆（直径10～15厘米）、接水托盘和浇水喷壶。

1. 小心地将发芽的洋葱切成两半，从外层开始，一层层向内，直到发芽的地方。可能你会有两三株小芽。见图 ⓐ ⓑ。

2. 在容器里装上盆栽土。（如果在户外种植洋葱，需要翻土耕作，让土变得松软。）

3. 将洋葱芽株种在土里，间隔大约5厘米。将根和植物埋在大约2.5厘米深的地方，让发芽部分或生长点露在土外面。（如果在户外种植，选择阳光充足的地点。）见图 ⓒ。

4. 给土壤浇水，直到它像拧干的海绵一样湿润。

5. 将容器放在明亮且光线充足的地方。保持土壤湿润度（无论室内或户外）。如果在室内，你会很快看到新的嫩芽出现。

收获并继续种植

在室内种植球茎洋葱，可以剪下有香气的叶子用于烹饪。在户外种植再生洋葱，可能还会收获大球茎，可以用于烹饪，然后可以拿中间的芽再继续种植。户外种植的话，让它们自由生长，直到叶子开始变成褐色并倒下。这时，你可以把洋葱拔起来，在户外放置一段时间，再把它们存放在室内阴凉干燥的地方。

如果你打算将从户外种植收获的洋葱储存起来，要先把洋葱在户外放置一段时间再拿到室内存放。

种植小窍门

在户外种植洋葱时要注意除草和浇水。洋葱的根系不深，会很容易干枯，而且不喜欢与杂草竞争。

红葱头

红葱头是葱科一员，味道比大多数葱和蒜温和一些。红葱头在法式烹饪中很流行，为沙拉调味增添了丰富的味道。在亚洲菜肴中，经常用来炒着吃，也会腌制后食用。

红葱头的生长像大蒜一样，一个头里有许多小瓣。它们需要一段时间才能长出新的瓣或球茎，如果你想尽快收获，可以在室内种植再生，会收获美味的叶片。

切开的红葱头中能够看到分开的瓣。

如何种植再生红葱头

需要盆栽土、花盆（直径为10～15厘米）、接水托盘和浇水壶。

1. 将红葱头分开，选出最大的瓣种植。见图 ⓐ。

2. 在容器里装上盆栽土。（如果在户外种植红葱，需要翻土耕作，让土变得松软。）

3. 将红葱头的瓣种在2.5～4厘米深的地方，间距2.5～5厘米，然后盖土。（如果在户外种植，选择阳光充足的地方。）见图 ⓑ。

4. 给土壤浇水，直到像拧干的海绵一样湿润。在户外种植的红葱头会先长根，过一些天再长出茎。如果在秋天种植，可能会长长停停，春天会形成球茎。

5. 将容器放在明亮且光线充足的地方。保持土壤湿润程度（无论室内或户外）。如果在室内，你会很快看到新的嫩芽出现。

妙趣知识点

传统蛋黄酱的独特风味就是来自红葱头。

厨房台面上种下数周的红葱头苗。

收获并继续种植

室内种植的话，可以剪下叶子烹饪，吃法就像小葱一样。

户外种植的话，如果在较温暖的地区（没有数月严寒的地区），秋季种植；在较寒冷的地区，则春季种植。刚种下时要浇足水，然后在干旱时期再浇水。

当球茎直径长到5厘米时，就可以收获了。把植株拔出来，在户外放置一段时间，再放到室内干燥的地方储存，就像处理洋葱一样。

种植小窍门

当白昼开始变长时，红葱头会形成美味多汁的球茎，可供烹饪。如果在秋天种植，要到第二年春天才能收获。

如果你买的是根已经被切掉的韭葱，不太可能种植再生，所以，购买时要寻找如图中所示这样根部完整的。

韭葱

我喜爱韭葱！我对韭葱的兴趣始于我住在佛蒙特州时，当时我经常光顾一家提供美味的土豆韭葱汤的餐馆。后来我搬到了纽约州北部的茫茫蛮荒之地，想吃什么东西，都得自己学着烹饪，包括土豆韭葱汤。事实证明，韭葱很容易种植，用它做饭也很有意思。

韭葱，又被称作印度大葱，是葱科成员，和大多数其他成员一样，有一个被压缩的生长点，由可食用的叶子包裹着。如果你想种植再生韭葱，要买带根

这些韭葱是准备水培再生的。

的。如果韭葱的底部被切掉了，生长点很有可能也被切掉了。

　　无论是在室内还是户外，韭葱都非常容易种植。这里介绍的是在土壤中种植再生韭葱的方法，你也可以模仿第111～112页水培小葱的方法，水培再生韭葱。这两种种植方法都很好用。韭葱在土壤中的生长速度似乎比在水中略快，如果你觉得处理土壤很麻烦，完全可以水培再生。种植再生的收获多少，取决于你种下的韭葱有多大。如果你买的是较小的韭葱（粗细和手指差不多），可以种在户外，也可以种在室内，它们会长粗。韭葱一般壮硕肥美，收获时令人很开心，可以用来做汤、烤肉等。如果你购买的时候韭葱已经很大了，你可能只会收获到一些新鲜美味的绿叶。

如何种植再生韭葱

需要盆栽土、一把锋利的刀，异丙醇或来苏水，花盆（直径10～15厘米），接水托盘和浇水喷壶。

1. 将韭葱的顶部切下，根部留5～8厘米长。见图 ⓐ。

2. 在容器里装上盆栽土。（如果在户外种植，需要翻土耕作，让土变得松软。）

3. 将韭葱种下，留出大约1.5厘米在土壤外。在花盆里种植的话，可以把韭葱紧密地种在一起。（如果在户外种植，选择阳光充足的地方，间距为10～15厘米。）见图 ⓑ。

4. 给土壤浇水，直到像拧干的海绵一样湿润。

5. 将容器放在明亮、光线充足的地方。保持土壤湿润程度（无论室内或户外）。

妙趣知识点

罗马皇帝尼禄很爱吃韭葱，因此有个外号叫"吃葱者"。

种植小窍门

你可以随时收获韭葱。它们生长的时间越长，你能用来烹饪的部分就越多，用纤细的韭葱烹饪也是完全可以的。

收获并继续种植！

你可以用韭葱嫩叶做配菜，和小葱用法一样。切碎，给沙拉、汤、蘸料等添味。

如果在户外种植韭葱，可以让它们在整个凉爽的季节一直生长。它们会长得很大，收获后可以用在汤里，也可以做韭葱肉馅煎蛋饼等。保持韭葱生长区域的湿度，并且保证没有杂草。将它们周围的土壤推高（也就是起垄），这样能长出漂亮、厚实的白色茎，这部分烹饪很美味。

在生长过程中，韭葱有时会把土或沙粒夹在层间。确保汤中不出现杂质的最好方法是将韭葱纵向切成两半，然后再横向切，这样就被切成了小块。在滤水筐中充分冲洗，确保将所有污垢都洗掉。

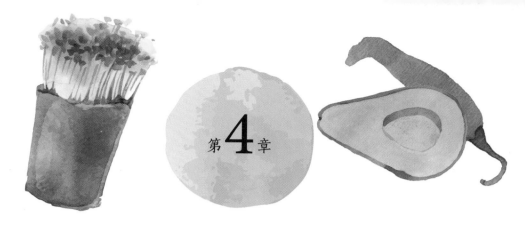

第 **4** 章

土壤种植
和水培种植种子

||||||||||||||||||||||||||||||

种植种子是最自然的园艺活动，但是你在种植再生厨余时不一定会想到。你可以保存厨余中的种子，精心培育，获得大丰收，也可能收获有趣的新奇东西。有一种种子主要通过水培种植，或在最开始时水培——这便是鳄梨。其他种子，你都可以在土壤中种植。

种子里面有长成一棵新植物所需的一切。它们是唯一一种能提供所有材料的厨余。

当种植厨余种子时，会得到什么，取决于这些种子到底来自哪种植物。并非你保存的所有种子都会结出与亲本相同的果实；许多植物是两个亲本的杂交品种，它们结出的种子可能会恢复到其中一个亲本的遗传基因。但你不必因此放弃实验！

种植种子有很多乐趣，有些种子的种植有独特的要求。可能需要去壳、敲碎、进行层积处理（这是因为种子经历了一个寒冷而潮湿的时期），也可能需要发酵和干燥。在接下来的单种植物介绍中，有每种类型种子的具体说明。

可选植物

- 微型菜苗
- 南瓜和冬瓜
- 柑橘类
- 番茄
- 甜瓜
- 辣椒
- 果树
- 鳄梨（即牛油果）

◄ 先水培鳄梨种子，再移植到土壤中。详细说明见第100~101页。

微型菜苗比芽菜多一步而已。

微型菜苗

你应该对芽菜有所了解吧。现在来接触一下微型菜苗吧！这些植物在芽菜阶段就可以食用，但为了把它们添加到沙拉、三明治、汤中以及作为配菜，可以让它们长得比芽菜更久一些再食用，这样营养更丰富，也更好看。微型菜苗的种子不应在罐子或袋子中发芽，而是直接种植在土壤中，这样植物能长得更大一些。我们平时吃的芽菜，实际上是种子发芽前就已经藏在其中的子叶，而微型菜苗则应生长到有一组真叶的大小，也就是子叶之后生长出第一组叶子的程度。

以下是一些很适合长成微型菜苗的植物种子：

- 芫荽
- 茴香
- 兵豆

- 芥末
- 芝麻
- 向日葵

在可以培育为微型菜苗的种子中，兵豆和向日葵是最便宜的。你可以从做汤用的兵豆中留出一把干兵豆来种植。向日葵种子是很受欢迎的一种干果。如果你想保存一些用于种植再生，可以购买生的、未经加工的种子。如果你真的喜欢微型菜苗，在宠物商店买喂鸟用的黑油葵花籽是最划算的，但烹饪时一般不会用到它。

看一眼你的香料架子，那上面就有很多种子，如芫荽、茴香、芥末和（未烤过的）芝麻。种子有不同的存活时间。在不被种植的情况下，有些种子可以比其他种子存活更长时间。干香料的用途不在于种植，而在于烹饪，因此，从香料架上搜罗到适合培育微型菜苗的种子时，在播种前可以先做发芽测试，看看种子是否会发芽，这很有必要（见第24页）。如果测试结果是没有发芽，说明种子老了，超出了存活期，就不必再种植，避免浪费掉一瓶的香料了。如果你发现有一些发芽了，那就值得种植了。

如何种植微型菜苗

需要盆栽混合栽培基质、一个底部有孔的育苗盘或塑料储存容器、接水碟或托盘、保鲜膜或适合容器的塑料盖，以及一个浇水喷壶。

1. 将栽培基质装在育苗盘里。见图 **a**。

2. 播撒种子。播种微型菜苗时，你要把种子密集地撒在土壤的表面。

3. 盖上薄薄一层盆栽土，勉强盖住种子即可。见图 **a**。

4. 给土壤浇水，直到比拧干的海绵还要湿润一些。水会帮助种子的外层（种皮）膨胀，对植物来说，这是一个信号，告诉它是时候生长了。

5. 用塑料盖或保鲜膜覆盖花盆或种子盘，以保持环境湿润。见图 ⓑ。

6. 将托盘或花盆放在温暖的环境中，有明亮的非直射光线。

7. 定期检查土壤湿度。确保保持湿润，但不要太湿。

8. 一旦开始发芽，就去掉塑料盖或保鲜膜。

妙趣知识点

向日葵的花头实际上是由数百朵小花组成的。每颗种子都来自一朵独立的花，都能长出一棵最佳的微型菜苗。

微型菜苗是只能收一茬的作物，被剪掉后，它们不会重新生长。

种植小窍门

确保用来种植微型菜苗的容器有排水孔，否则，植物会很快腐烂。

收获

当微型菜苗长出两三组真叶时，就可以收获了。不同的植物此时的形态不同，有的看起来会像是有三四组叶子。通常情况下，一旦植物开始长出真叶，子叶就会萎缩，但也不一定。用剪刀贴着土剪掉嫩芽。你可以用原来的土壤重新种植，也可以将土壤堆肥。但这些植物的生命就此告终了。

微型菜苗是沙拉、三明治、卷饼和汤中的美味配菜，也可以作为点缀。小嫩苗与成熟的植物味道类似，不过通常略微清淡一些。

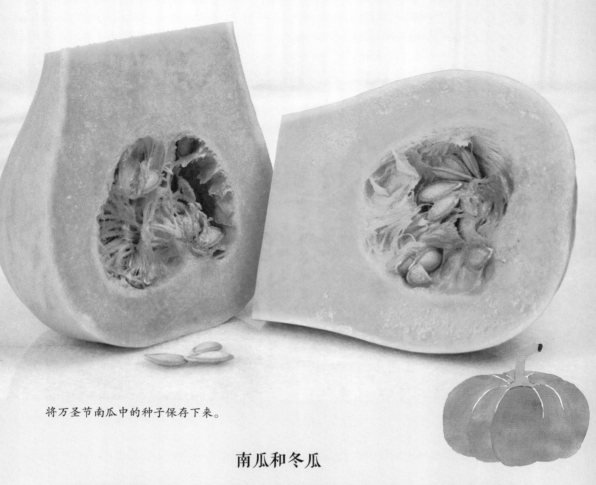

将万圣节南瓜中的种子保存下来。

南瓜和冬瓜

　　雕刻南瓜是秋天的一个传统项目。欣赏各种各样装饰的小南瓜、大南瓜和疣皮南瓜也为秋高气爽的时节增添很多乐趣。小时候，爸爸总是帮助我们完成雕刻部分，而妈妈则在我们制作完成后做清理，她会把南瓜子收好，给我们烤着吃。很好吃！你有没有想过保存一些南瓜种子来发芽呢？许多园丁在春天检查堆肥时往往会发现在万圣节后扔南瓜灯的地方长出了一大片藤蔓。你可以把南瓜或冬瓜的种子清洗干净，自己种植，想让它们长在哪里就长在哪里。

　　南瓜属于葫芦科，这一科植物还包括黄瓜、冬瓜和葫芦，可以自由地交叉授粉。所以，尽管你的种子是从南瓜上得到的，但种下后会长出什么，取决于你吃的（或雕刻的）植物是如何生长的。如果是长在一块种植了成千上万棵同种植物的田地里，你种出来的可能会和你最初买的那个瓜一模一样。如果它是长在各种葫芦科植物混合生长的地方，你最终的收获可能会相当有趣。但这并不是不尝试的理由！

如何种植南瓜和冬瓜

　　需要一把园艺叉和一块至少1.2米×3.5米的户外空间来种植南瓜（南瓜藤真的很大，无法在室内生长）。这个面积够种6～9颗种子。在土壤状态良好且温暖时种植。可以和番茄同时种植。也可以在六七月种植，这样可以收获真正的秋季南瓜。

1. 用园艺叉或耙子给种南瓜的地翻土。

2. 翻土后起15厘米高的垄。

3. 在垄上种植三四颗种子，种子间距5～8厘米。垄间距取决于你种植的品种，种子是自己保存下来的，可能你也不知道种植的到底是什么。如果长出的藤蔓太多，拔掉一些就可以了!

4. 在播种时要浇足水。

5. 定期检查土壤湿度。保持湿润，但不要太湿。

6. 在植物生长过程中，每月用平衡肥料（氮磷钾配比10-10-10或7-7-7）施肥一次。

收获并继续种植!

　　我的南瓜什么时候可以采摘？这是不是一个由来已久的问题？南瓜必须经过霜冻才能成熟的说法只是个传说而已。事实上，严重的霜冻会使南瓜和冬瓜变成一堆烂泥。当南瓜的外皮坚硬、颜色均匀时就可以采摘了。对于有斑点和疣状凸起的南瓜，这个评估方法可能具有一定挑战性。要判断何时采摘，可以看外皮是不是变硬了。

妙趣知识点

南瓜花可以吃!

这些南瓜还有些光泽，还没有完全长到可以采摘的程度。

冬瓜要采摘，需要长到外皮变硬并开始暗淡，不再有光泽。未成熟的果实会更有光泽，所以要注意果实的情况。如果它们逐渐失去光泽，果实很快就会成熟了。

将南瓜和冬瓜储存在阴凉、通风、干燥的地方。保存种子，继续你的葫芦科实验。

种植小窍门

南瓜并不需要经过霜冻才成熟。如果表皮开始黯淡，就尽快采摘。

第4章　土壤种植和水培种植种子

柑橘树是常绿的，有芬芳的花朵和气息宜人的果实。

柑橘

　　在室内种植柠檬、酸橙和橘子等植物很有趣。和许多其他水果植物不同，它们甚至会在室内开花结果。它们不必长很大棵就能结出果实。真的很适合家里种植。我们购买的大多数柑橘都出自嫁接的果树。树的顶端是从一个已知品种上切下来的，与来自另一个种类的柑橘树的根茎拼接在一起。

　　上面的部分（称为接穗）可能来自杂交植物。橙子、柠檬、酸橙和葡萄柚都是不同物种之间杂交的结果。不同的类型是通过插条的营养繁殖来维持的，这些插条就是顶端的接穗。这意味着，当你保存北京柠檬的种子并种植时，你会种出一株柑橘类的植物，但你不一定会种出北京柠檬。结出的果实可能可以食用，也可能太酸或太苦，但种植过程会很有趣。如果你能买到真正的温州蜜柑，这是最好的，种出的柑橘类植物结出的果子最有可能和你吃掉的那个一样。

嫁接结合处是接穗与砧木相接的地方。刚接到一起时，嫁接结合处会被紧紧包裹住。

如果要种植种子，切开时注意不要切到种子。图中的种子有一颗已经毁了，其余的都可以用。

如何种植柑橘

需要盆栽混合土、一个花盆、与花盆配套的接水碟、保鲜膜或一个塑料圆顶，以及一个浇水壶。

保存柑橘的种子，把它们从果实上取下来，洗掉果肉残渣，直到得到干净的种子。如果想在播种前储存种子，将它们放在几张湿纸巾之间，然后放在塑料袋或塑料容器中，再放在冰箱里。种子如果变干，就不能很好地发芽。

1. 将盆栽土装在花盆里。

2. 在花盆中种下至少三颗种子。

3. 盖土，2.5厘米厚。

4. 给土壤浇水，直到比拧干的海绵还要湿润一些。水会帮助种子的外层（种皮）膨胀，对植物来说，这是一个信号，告诉它是时候生长了。

妙趣知识点

葡萄柚是两种截然不同的柑橘——甜橙和柚子——的杂交品种。"红宝石"是第一个成功的红葡萄柚商业品种。

第4章　土壤种植和水培种植种子

5. 用塑料顶或保鲜膜覆盖花盆或育苗盘，以保持环境湿润。（如果种子没被土壤盖住也没有关系，你只需要多观察，确保种子发芽时土壤保持湿润即可。）见图 (a)。

6. 将育苗盘或花盆放在温暖的环境中，光线明亮但不要直射。

7. 定期检查土壤湿度。保持湿润，但不要太湿。

8. 当种子开始发芽移除顶上的覆盖物。

收获并继续种植！

如果你的柑橘发了芽，只需要让它继续生长。你不会马上得到花和果实，可能需要四五年时间才能开花。在植物生长过程中，记得把它放在光线明亮但不要直射的地方。（朝西或朝南的窗户边是很好的选择。）保持土壤像拧干的海绵一样湿润。在植物苗壮生长过程中，用柑橘类肥料施肥。（它会长出浅绿色的新叶，由此可以看出它在生长。）

夏季一定要将柑橘植物移到户外。在室内生长的植物会受到蜘蛛、螨虫和介壳虫的困扰。在夏季将花盆放在户外，让自然天敌来解决这个问题。将植物先放在阴凉的、有保护措施的地方一周左右，稍微受冷能让它变得更耐寒。

在室内种植的柑橘树。

　　之后可以把植物移到日照较好的地方，要注意防风。保持土壤湿润。在温度降至4℃以下时，将植物移入室内。每隔一年的春天将容器更换为大一号的，保证植物充足的生长空间。每次新换的盆比之前的直径宽10～15厘米即可。在底部添加一些盆土，然后将植物根球放入盆中，在周围填土。确保植物根球的顶部与花盆的顶部齐平（比盆口低2.5厘米）。不要把根球埋得太深。

　　你怎么知道柑橘何时成熟可以采摘？这很难判断，因为在你种下时谁也不知道最终会得到什么。你可以查找种子来自什么植物类型，以此做一些猜测，然后采摘并检验。放心，不会中毒的，但果子可能比你预期的要酸很多。即便是完全成熟的果子也可能比你留种用的那个酸很多。

种植小窍门

　　投资购买柑橘专用肥料是值得的。柑橘有一个特殊的施肥时间表，肥料包装上会列出，还有特殊的养分要求。这些肥料是专门为柑橘配制的。

没什么比自己种植的番茄更美味的了。

番茄

在南瓜和柑橘部分所描述的关于杂交种子和自由传粉种子的注意事项也适用于番茄。如果购买的是传统番茄，很有可能是自由传粉的，能产出可以自行生产发育的种子，种出的果实也与你吃过的果实相似。但是传统番茄并没有严格规定，所以你购买的番茄可能个头较小，很像传统番茄，但可能根本不是。

如果你自己种植出了健康的自由授粉的番茄，或者从市场上购买了一些，那么自己留种是很有趣的。如果你吃了一个特别好吃但没有标签的品种，要想再次享受美味，可以保存种子，尝试种植。番茄种子需要进行发酵处理，去除果肉，使果肉对种子的发芽抑制作用失效。

a

如何种植番茄

需要盆栽混合土，一个育苗盘或花盆，接水碟，塑料盖子或塑料膜，小桩子或笼架，麻绳或其他捆绑绳。

1. 在育苗盘或花盆中装入盆栽土。

2. 在育苗盘的每个格子里播两颗种子。在花盆中种植的话，每两颗种子一组，每组间隔至少8厘米。

3. 用土轻轻盖住种子。

4. 给土壤浇水，比拧干的海绵还要湿润一些。水会帮助种子的外层（种皮）膨胀，对植物来说，这是一个信号，告诉它是时候生长了。

5. 用塑料顶或保鲜膜覆盖花盆或育苗盘，保持环境湿润。

6. 将育苗盘或花盆放在温暖、明亮的环境中，但不要直射。如果有植物生长灯，会更好。

7. 当种子开始发芽，移除顶上的覆盖物。见图 a。

8. 定期检查土壤湿度。确保保持湿润，但不要太湿。

9. 让植物至少长出三四组真叶，就可以让它稍微受冷，帮助它变得更耐寒，然后移植到花园里。

妙趣知识点

番茄的野生祖先是秘鲁的一种藤本植物，植物学家称之为醋栗番茄（*Solanum pimpinellifolium*，简称为pimp）。它结出的果实与去皮的豌豆差不多大。

如何通过发酵清理番茄种子

a

b

种子在播种前必须是干净的，这样才不会腐烂（果实中的糖会吸引细菌和真菌），为此，你必须对它们进行发酵。这个方法适用于番茄、茄子和葫芦。

需要一个筛子或滤网，一个玻璃瓶或碗，一把勺子，以及纸巾或干燥网。

1. 用勺子将果实中的种子挖出来（或从果实中挤出来）。确保种子上带有一些果肉。见图 [a]。

2. 将带果肉的种子放在一个带盖的干净容器中，放置两三天。见图 [b]。

3. 每天搅动种子。

4. 在容器里加入几汤匙水，轻轻搅拌。

5. 把漂浮在容器顶部的水果和果肉倒掉。种子会沉在底部。

c

番茄种子很小。

6. 用干净的水和筛子清洗种子。见图 Ⓒ。

7. 将种子铺在干净的毛巾或干纸巾上干燥至少7天。

　种子发酵后，可以把它们摊在筛子上晾干。每天搅动干燥的种子一次。种子彻底干燥后，把它们储存在干净、干燥的塑料袋或玻璃容器中。

种植小窍门

　有时，发酵的果肉会凝结成一个硬块。加水时，会浮到上面，你可以直接把它挑出来扔掉。那东西看起来有点像鼻涕。

收获并继续种植！

当夜间温度达到21℃时，可以在户外种植番茄。它们喜欢温暖的环境。对无限生长的品种，可以用桩子或笼架支撑。（无限生长的植物会长得很大，可以通过这一点判断。有限生长的番茄或灌木番茄只能长到一定大小，通常1.2米左右。）整个生长期可以用番茄专用肥料施肥。

当番茄达到预期颜色时，就成熟了。如果果实颜色不同寻常，你可以随时试吃！

保存最美味的番茄的种子，这样你明年就可以重新种植。

种植小窍门

把番茄移植到户外时，除了最上面的一对叶子，其他的都要去掉，把植株种到深处，只留下最上面的两片叶子在土外面。

你可以像保存南瓜和冬瓜的种子一样保存甜瓜的种子，试着种植再生，但要像处理番茄种子一样对甜瓜种子进行发酵，以便将种子上的果肉清洗干净。

甜瓜

　　甜瓜与南瓜、冬瓜同属一科。它们通常是杂交品种，可以自由地进行异花授粉，因此当你用购买来的甜瓜的种子种植，是一种"自甘冒险"。如果家里有空间，即便只是为了看看它们会长出什么，种植植物也是一件很有趣的事情。突变的甜瓜？这事我要干！

　　播种前一定要通过发酵将甜瓜种子上的果肉清理干净，就像处理番茄种子一样（见第86～87页）。发酵甜瓜种子时，向混合物中加入一点水，以便有足够的液体进行发酵。甜瓜类的果实不像番茄果实那样多汁。

如何种植甜瓜

需要一把园艺叉和一块至少1.2米×3.5米的户外空间来种植甜瓜（甜瓜藤很大，无法在室内生长）。这个面积足够种植4～8颗种子。在土壤状态良好且温暖时种植。可以和番茄同时种植。

1. 用园艺叉或耙子给种甜瓜的地方翻土。

2. 翻土后起15厘米高的垄。

3. 在垄顶种植三四颗种子，种子间距5～8厘米。垄间距取决于你种植的品种，可能你也不知道种植的到底是什么，因为你是从买来的甜瓜中保存下来的种子。如果长出的藤蔓太多，拔掉一些就可以了！

4. 在播种时要浇足水。

5. 定期检查土壤湿度。保持湿润，但不要太湿。

6. 在植物生长过程中，每月施肥一次。见图 a。

妙趣知识点

厚皮甜瓜有时被称为"麝香瓜"，因为它们在成熟时有浓烈的香味。

甜瓜类的植物会长得又大又长。所以种在菜园里，给它们充足的空间爬藤。

收获并继续种植！

种植甜瓜种子时，种出的结果可能会很有意思。猜测果实收获时间的最好方法是知道亲本植物是什么，查找该植物的收获日期。如果结出了很多小瓜，也可以定期采摘一个尝一下。当你种下甜瓜种子时，事先并不知道会得到什么，它可能很好吃，也可能不好吃。即便口感不佳，至少你得到了一些种植实践。

种植小窍门

当厚皮甜瓜外皮上的网状纹路变成浅褐色时就可以收获了。

辣椒

　　辣椒有数百个不同的品种，事实上它们都来自同一个物种，即原生辣椒（*Capsicum annuum*）。这些植物已经被驯化了千百年。辣椒类植物还被用于各种药用目的。它们在厨房里的用途也相当广泛。

　　辣椒分为辣的辣椒和甜椒。最受欢迎的辣椒就是青椒，是在果实没有完全成熟时采摘的，其种子也没有完全成熟。事实上，你在商店里买的大多数辣椒都没有成熟，它们的种子一般不能保存和使用。保存辣椒种子的最好办法是先购买袋装的种子或秧苗，种植出自己的辣椒，在植株上留下一些果实，直到它们完全成熟，表皮几乎起皱。这时，你可以把种子取出来，摊在纸巾上晾干。

如何种植辣椒

需要盆栽混合土、育苗盘或花盆、接水碟、塑料顶或塑料薄膜、桩子或笼架，以及麻绳或其他绳子。

在户外种植辣椒需夜间温度持续在21℃以上。辣椒喜欢热的环境。

1. 在育苗盘或花盆中装入盆栽土。

2. 在育苗盘的每个格子里播种两颗种子，在花盆中种植的话，每两颗种子一组，每组间隔至少8厘米。

3. 用薄薄一层土盖住种子。

4. 给土壤浇水，直到比拧干的海绵还要湿润一些。水会帮助种子的外层（种皮）膨胀，对植物来说，这是一个信号，告诉它是时候生长了。

5. 用塑料顶或塑料膜覆盖花盆或育苗盘，以保持环境湿润。

6. 将育苗盘或花盆放在温暖、明亮的环境中，但不要直射。如果有植物生长灯，会更好。

7. 种子发芽后，移除顶上的覆盖物。见图 [a]。

8. 定期检查土壤湿度，确保保持湿润，但不要太湿。

9. 让植物至少长出3～4组真叶，这时就可以让它稍微受冷，帮助它变得更耐寒，然后移植到花园里。

收获并继续种植！

可以收获种子的辣椒和食用的辣椒是两回事（保存种子的辣椒要完全成熟）。几乎所有的辣椒都可以摘下来吃，尽管有的可能略带苦味。记住辣椒成熟时应该是什么颜色，等辣椒长到那种颜色时便可以采摘。

当辣椒的外皮有点起皱时，它们就成熟了，可以收获并保存种子。

妙趣知识点

史高维尔指标用于表示辣椒的辣度。它可以衡量辣椒中产生辣感的化学物质的浓度，从0（甜椒）到320万（卡罗来纳死神辣椒和龙息椒）。

种植小窍门

处理辣椒时，记得戴上手套，避免接触眼睛。不小心把辣椒弄到眼睛的教训，我领教过好几次！

已经结果的小苹果树。

果树种子

　　有些种子需要经过低温潮湿的处理，这被称为层积处理。层积处理在野外发生的过程是这样的：种子在秋天落到地上，在地上经过寒冷潮湿的冬天，到了春天发芽。

　　有些种子还需要破皮。种子被动物吃掉，穿过动物的消化道然后被排泄出来。咳咳！动物胃里的酸会分解掉一些种皮，这就是破皮。你可以通过剪掉种皮或在种皮上锉出一个小缺口来为种子破皮。

　　大多数果树的种子需要上述某种处理，有的两种都需要。

苹果和梨的种子

苹果和梨也像柑橘类水果一样，是嫁接树的产物，所以澳洲青苹果的种子不会长出澳洲青苹果。不过，它结出的依然是苹果。

苹果和梨子的种子很容易得到。只要把它们从果实中撬出来，清理掉上面附着的果肉。洗净擦干。放置在阴凉干燥的地方，直到1月或2月。

它们的种子必须经过层积处理才能发芽。这模拟了自然界中果实的经历。苹果从树上掉下来，落在地上，度过一个冬天。或者果实和种子被动物吃掉，然后种子被排泄在地上，度过冬天。无论是哪种方式，都是要经过这个寒冷、潮湿的时期，种子才能发芽。在家里也能模仿这个过程。你需要一些泥炭藓和一个玻璃罐，泥炭藓可以从园艺中心买到，或用碎纸巾代替。

1. 将种子与泥炭藓或切碎的纸巾混合装入罐子，加入一些水，直到混合物刚刚好湿润（大约像拧干的海绵一样湿润）。

2. 盖好罐子的盖子，放在冰箱里。

3. 将种子放在冰箱里至少2个月，或一直放到春季最后一次霜冻后。

这时就可以种植了！所有的果树都需要充足的阳光和湿润、排水良好、pH略偏酸性的土壤。如果你要种植在户外，可以先把种子种在盆里，等它长到60～90厘米高的时候再移植到露天环境中。

核果的种子

樱桃、桃子、油桃和李子等核果类水果的种子也需要经过寒冷、潮湿的时期才能发芽。此外，它们有坚硬的外壳，需要把外壳打开以加快发芽。它们的种子，除了像上述苹果和梨的种子那样经过冷湿处理外，在播种前，还需要用坚果钳轻轻夹碎种子的外壳。注意不要把种子整个压碎，这样会压碎里面的胚胎，导致发芽率不高。

你必须用一个坚果钳来打破桃的种子的硬外壳。

如何种植果树种子

需要盆栽混合土、花盆、托盘、坚果钳和浇水壶。

1. 将种子种在土里，进行层积处理。层积处理是指使种子处于寒冷、潮湿的环境中，打破种子的休眠状态，促使其发芽（见第96页）。

2. 在种子发芽后继续监测土壤湿度。在种子萌发过程中，不要让土壤完全干掉。

3. 让植物在花盆中长到至少15厘米高。果树种在户外最利于生长。见图 a 。

收获并继续种植

果树长到15厘米高后，就应该把它移植到户外。所有果树都需要排水良好的土壤和每天至少6～8小时的光照。

为了避免病虫害，果树有相当具体的要求。如果你打算将植物种植到成熟期，请查阅更多关于你所种植的特定类型树木的信息。

用种子种植的果树可能需要好几年时间才能开花或结果。你不知道会收获什么。让树保持生长，开花时便赏花，如果结了果子，可以尝一尝。用种子种植苹果树的回报是能够指着它说："这是我用种子种植出来的！"

妙趣知识点

原产于热带地区的果树往往是常绿的，而来自较冷地区的果树是落叶的。

种植小窍门

大多数果树需要另一棵树进行异花授粉才能结果。异花授粉的树木必须在同一时间开花。这给你用保存的种子种植并收获果实又增添了一个复杂条件。有少数果树不需要这样做——试试油桃、桃子或酸樱桃。

鳄梨

像柑橘、苹果和其他果树一样，商业化种植的鳄梨树也是嫁接植物。接穗是把一个已知的品种嫁接在下方的砧木上。与柑橘一样，用种子种植鳄梨，与其说是为了能随时吃到新鲜的鳄梨，更可能是一场种植一株"很酷"的室内植物的有趣实验。

在低于零下7℃的温度下，鳄梨会停止生长，还有一些更耐寒的品种。植株需要5～15年的时间才会结果。如果有交叉授粉的其他植株，结果会最好，这意味着你需要两株鳄梨树。不过，你打算把两棵大树放在屋里的哪个地方呢？除非你足够幸运，有一个相当大的温室，否则你没有足够的空间让树长到开花的成熟期。即使你用果核培育了两棵鳄梨树，这两棵树可能不会同时开花，也可能根本不开花，或者它们可能不亲和，所以你仍然可能得不到果实。

简言之，种植鳄梨果核是为了好玩，不要想着结果。该怎么种呢？请继续阅读。

如何种植鳄梨果核

需要一块带粗糙面的洗碗海绵，三四根牙签，一个玻璃杯或硬塑料杯或水培瓶，水，以及一个花盆、盆土和接水碟。

1. 清洗鳄梨种子。这个过程非常简单，只要把种子放在水里，轻轻地把它周围的果肉去除即可。如果需要，可以用海绵的粗糙面来去除任何黏附的碎片。见图 ⓐ。

2. 识别种子的顶部和底部。底部通常会比顶部宽一些。有的种子顶部是尖的。（如果你提前想到这一点，可以在把种子从果实中取出来之前，在种子的顶部划一下，以此作为标记，这样更容易分辨出果实的哪一面是顶部。）

3. 将三四根牙签插入鳄梨果核中，大约在果核的中间位置。牙签需均匀分布。这些牙签将把鳄梨果核固定在杯子中的一个稳定位置。见图 ⓑ。

4. 在杯中注入室温的水。水应该刚好到杯子顶部——任何大小的杯子都可以。

5. 将插了牙签的鳄梨果核架在杯口，使核的底部浸没在水中。

6. 将杯子放在温暖但不是阳光直射的地方。一周左右换一次水，以保持水的新鲜，防止细菌和真菌的生长。确保你新换入杯中的水是室温的。见图  。

继续种植！

鳄梨果核将从种子的底部萌发出主根，从顶部萌发出苗（茎）。当你看到种子的顶部开始裂开时，那就表示茎即将长出来了。当种子在水中生长时，千万不要让它的主根或底部缺水。

一旦看到新芽出现，便可以把植物移到光线更充足的地方。

当植物长到15～30厘米高时，将其种植在直径30厘米的花盆中。让种子的顶部露出来。不要把整个种子都埋在土里。

保持土壤像拧干的海绵一样湿润，给植物尽可能多的自然光。在夏季可以将植物移到户外。只要确保把它移到户外之前，先放在一个受保护的地方几天，使它稍微受冷以变得更耐寒。

如果想让植物保持室内绿植的大小而不是长到商业果园里的大小，当植株长到30～45厘米高时，将其修剪掉一半。这将促进侧枝生长。你可以通过修剪来控制植物的大小。当植物已经长大到你的空间无法容纳而修剪会影响美观时，可以找一颗新果核来重新开始种植！

种植小窍门

不要让鳄梨核变干。从水果上分离下果核后立即开始生根过程，或者用湿纸巾包好，放在容器中，在使用之前都保持湿润。

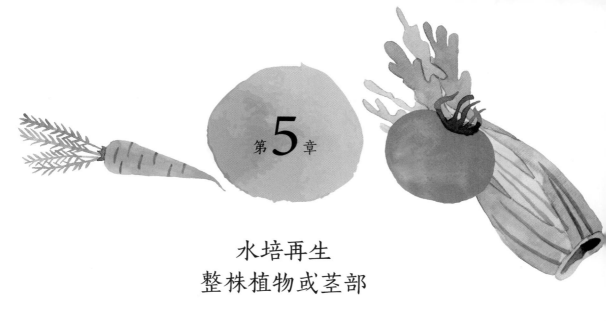

水培再生
整株植物或茎部

想延长买来吃的那头生菜的寿命？种植再生吧！有些植物在水中重新生根，就像在土壤中重新生根一样。有些植物用两种方法都能发育得很好，而有些植物更适合其中一种方式。在水中重新生根的一个优点是很容易检查根系的发育进度，要么简单地将它们从容器中拉出进行检查，要么使用透明的玻璃或塑料容器，可以直接看到根。水培再生也没有在土壤中种植再生那么脏兮兮的。

植物长出根后，可以植到土壤中，或者直接收获植物长出的东西，直到它的生命告终。有些植物值得花费力气让它在土壤中继续生长，而对另一些植物来说，让它们在水中生长，收获一段时间，等成果耗光时便拿去堆肥，这样做更为实际。例如，你可以让韭葱在水中重新生根，让植株长得更大，得到第二次收获。莴苣通常会长出一把新叶，但它会很快结实（长出花茎），就该被丢弃了。

这样操作的好处是，你几乎都不需要投入什么精力，即便回报不多，也值得付出时间。来看看怎么操作吧。

可选植物

- 生菜（以及大白菜等结球菜）
- 芹菜
- 小葱
- 茴香
- 香茅
- 香草茎部插条
- 菠萝

◄ 水培植物，从左到右依次是生菜、红薯秧苗和芹菜。生菜和芹菜是整株植物，很容易种植再生。

不要将生菜的底部丢掉，插入水中，让它再生！

生菜

结球莴苣，即生菜，是很容易种植再生的。长叶生菜、奶油生菜、绿叶生菜和红叶生菜都是很好的选择。这些是零浪费园艺的不二之选，因为它们实际上是自己生长的。你可以用同一个碗或容器同时养好几头。要想重新生根，购买仍有植物茎部或根部的长叶生菜或水培生菜。

当你试图让生菜重新生根时，它们可能会长出新根，也可能不会，无论如何，通常每株会再长出8～10片叶子，或者更多，具体数量多少取决于品种。这些新叶子都不会长到像原来的叶子那么大，但它们足以放在三明治里或为你的沙拉增色。有时菜心会腐烂，可以直接扔掉或拿去堆肥。

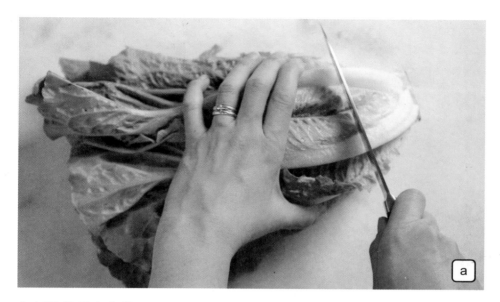

如何种植再生生菜

需要一个杯子或碗，一把干净、锋利的刀，以及牙签（可选）。

1. 在杯里或碗里装2.5厘米深的水。

2. 在生菜底部切一刀，留8厘米长。这可以确保不把生长点切掉，如果想要生菜继续长出新的叶子，就需要留生长点在植物上。见图  [a]。

3. 可选步骤：如果想让生菜悬浮在杯中，而不是底部落在杯底，可以在生菜周围均匀地插上三四根牙签，位置在从底部向上2.5厘米处。牙签可以挂在玻璃杯沿上，将生菜悬挂住。

4. 将生菜放入水中。确保植株底部被水没过的深度不超过2.5厘米，无论你是直接将植株放在杯子里还是用牙签悬挂起来，都要如此。见图 [b]。

5. 将杯子或碗放在光线明亮但非直射的区域。光线越多，你能收获生菜的时间就越长，收获的叶子就越大越绿，味道越好。

6. 每两天换一次水。

收获并继续种植！

长出新叶后可以剪下用于制作沙拉或三明治，直到植物开始结实。

将带根的生菜植株种植在外面，让它开花，然后保留种子，也非常有意思。当你种植自己保存的种子时，会收获什么，取决于原始植物是开放授粉还是第一代杂交种。关注植物的整个生长周期会很有趣，而且你会收获到可以吃的东西——也许是一些意想不到的东西。

妙趣知识点

莴苣起源于地中海地区，在古埃及的墓葬绘画中就描绘了生着长而粗的茎和尖尖的叶子的品种。我们今天吃的长叶生菜可能与这些古代莴苣是近亲。皱叶莴苣（散叶生菜）也是现今常见品种，有时也被称作冰山莴苣，是1941年培育出来的。最早的皱叶变种"大湖"如今还在种植。

种植小窍门

莴苣是一种长日照植物。当它每天接受12小时或更多的光照时，就会开始开花，这发生在夏季。到那时，你就可以收集种子了。热量也会促使莴苣开花结实，因为它是一种喜凉爽气候的植物。如果在户外种植再生莴苣，在春末夏初种植最有可能成功收获种子。

如果想要种植再生芹菜，购买时选择底部完整的整株芹菜。

芹菜

芹菜是另一种适合种植再生的"傻瓜"品种。你购买的芹菜束，只要是完整的，就仍有很大的生命力。它们夹在茎中的生长点能轻而易举地重新萌发，继续生长。单根的芹菜茎无法重新生根：芹菜茎实际上是叶柄，上面没有任何生长芽。

芹菜是许多汤、砂锅菜和沙拉的底菜。芹菜热量极低，清脆爽口，这方面几乎没有敌手。种植再生芹菜时，你会发现新长出的茎的味道比你最初购买的要浓郁得多。

如何种植再生芹菜

你需要一个杯子或一个碗，一把锋利的刀。

1. 在杯子或碗中加入2.5厘米深的水。

2. 准备芹菜，在距离根部约8厘米的地方整齐切开。中间正是芹菜会继续生长的地方。见图 a 。

3. 将植物放在水中。确保植物被水淹没的深度不超过2.5厘米。见图 b 。

4. 将杯子或碗放置在光线明亮但非直射的地方。光线越充足，你种植再生的芹菜生长期会越长，长出的新茎会越绿。

5. 每隔几天换一次水。对于芹菜，这是一个特别必要的步骤，如果你不去管它，水会变得浑浊和发臭。

6. 在享受新生茎的过程中，原本残余的茎如果腐烂就将其扯掉，保持植物整洁。

种植小窍门

芹菜是一种喜凉爽气候的植物。如果你想尝试在户外种植再生，可以在春季或秋季种植。在夏末种植，并在秋末霜冻前收获，你能收获到最丰盛的第二茬芹菜。

妙趣知识点

有这样一个关于芹菜的民间传说：芹菜之所以会成为血腥玛丽鸡尾酒的必需品，是因为有顾客十分焦躁，等不及酒保给他送来搅拌棒，就抓起一截芹菜，用来代替搅拌酒。不管这是传说还是事实，今天的血腥玛丽没有芹菜梗便是不完整的。

收获并继续种植！

看到植株长出根部，就可以移植到土壤中。把生根的植物埋起来，露出土1.5厘米即可。当你看到新的茎长出来时，用一些土覆盖住残留的旧茎。（防止招来果蝇，清理起来也很简单。）

芹菜对水的需求量很大，要保持土壤持续湿润，但不要太湿。需要食用的时候就折断茎去吃，不过记得要始终都留下一些，这样就能继续产生养分令植物继续生长。在某些时候，植物的中心会冒出一个花梗。让它生长和开花，你可以把产生的芹菜种子保存起来，用于烹饪。也可以尝试用种子种植自己的芹菜。

芹菜生根后，移在花盆中或户外，让它继续生长。

小葱（分葱）

小葱（也被称作分葱或青葱）能为任何咸味的菜肴增味。但小葱往往不仅贵，还很容易枯萎，变得黏糊糊的。在厨房台面上种植一些，随时有新鲜的小葱可用，很方便。

小葱几乎总是成把出售，每根葱都是一株完整的植物。根部在底部，上面是白色的压缩茎和叶子。无论在水中还是在土壤中种植再生小葱都十分容易。在水中重新生根后，也可以把它们移植到土壤中，以延长收获时间。你也可以直接在土壤中种植。土壤种植的方法可以模仿第70页在土壤中种植韭葱的方法。这里介绍的是如何在水中种植，比土壤种植干净整洁一些。

这些小葱已经在土壤中再生，随时可以食用。

如何种植再生小葱

需要一个杯子或一个碗，一把锋利的刀和一些小石子。

1. 准备再生用的小葱，切掉绿色的叶子，留下从最底下的根部向上大约2.5厘米的茎（大部分是白色的）。见图 ⓐ 。

2. 在杯子或碗的底部填上1.5～2厘米深的干净小石子。

3. 在杯子或碗里装水，水深淹没小石子并高出1.5厘米。

4. 将葱根夹在小石子中间，确保只有一半高度被水淹没。见图 b。

5. 将杯子或碗放置在光线明亮但非直射的地方。光线越充足，你种植再生的小葱会活得越久。

6. 每两天换一次水。

收获并继续种植！

剪下嫩绿的叶子洒在汤里，或给三明治增味，也可以拌到沙拉里。

将生根的小葱种植在花盆中或户外花园中，可以延长收获期。小葱在凉爽的天气里生长得最好，因此可以在春季或秋季时将它们种在户外。

妙趣知识点

在美国南北战争期间，1864年，联军将军尤利西斯·S.格兰特说过一句著名的话："没有葱，我不会调动我的军队！"向部队运送食物是很困难的，而葱既被用于烹饪，也被用于医疗。

茴香

茴香有一种类似甘草的味道，是地中海菜肴中经常使用的食材。全株植物都可以食用，包括花和种子，你的调料架上可能就有茴香的种子。当用新鲜的茴香做菜时，你所追求的是肥厚的叶子顶部或爽脆的叶子底部（白色球茎）。

茴香的生长方式与芹菜相似。两者都有一个被变态叶包裹住的生长点，它们的变态叶是我们最常吃的部

这张照片中是被切开的茴香球茎。你可以清楚地看到球茎内部的生长点，而这个球茎，正如你所知，是一个变态茎。

第5章　水培再生整株植物或茎部

分。为了种植再生茴香，购买时需选择有完整根部和球茎部分的茴香。

如果你做菜很少用到茴香，也可以找出种植它的理由来——这些植物在种植再生时是非常漂亮的室内植物。

如何种植再生茴香

需要一个杯子或一个碗，锋利的刀，酒精和牙签（可选）。

1. 切掉茴香的叶子，留下完整的球茎部分，大约5厘米高。见图 ⓐ。

2. 在杯里或碗里装水，将球茎的下半部分被水淹没。如果用牙签把球茎悬挂在杯子里，要把整个杯子装满，如果把球茎直接放在碗里或杯子里，需在容器里装2.5厘米深的水。

3. 将植物放入水中。（如果通过牙签悬挂，将牙签插入球茎的底部和顶部之间正中的位置。）确保植物的底部被水淹没的深度不超过2.5厘米。见图 ⓑ。

4. 将容器放置在光线明亮但非直射的区域。光线越充足，茴香根部的生命就会持续越久，长出的叶子也会越多。

5. 每两天换一次水。

茴香生根后，将其移植到花盆中或户外，让它继续生长。

收获并继续种植

如果你更喜欢食用叶质部，而不是底部较为硬的变态叶或球茎，可以直接剪下叶子来烹饪，留下整个球茎保持生长。

当植物长出新根或开始抽出新茎时，你可以把它种在土壤中。将原来的残株留下大约1.5厘米在土外面，等到长出三四根新的茎就用土壤完全覆盖住原来的残株。

茴香最终会开花并结籽，它的种子在烹饪中也有很大用处。如果它与同一科其他植物（如胡萝卜或莳萝）同一时间开花，可能会发生交叉授粉，因此如果你收获种子继续种植，这些种子可能发芽，也可能不发芽——所以最好还是将其用于烹饪。

妙趣知识点

茴香的希腊文是Maratho。希腊雅典南部城市马拉松市（Marathon）正是因当地种植的茴香田而得名。以马拉松命名的跑步比赛则是因为菲迪皮德的故事。公元前490年，为传递希腊战胜了波斯人入侵军队的消息，他从马拉松跑到雅典，距离26.2英里（约42千米）。

种植小窍门

茴香喜欢排水良好、几乎干燥的土壤。如果种植在花盆里或户外，等土壤彻底干透后再浇水。

让香草茎部插条在水中生根十分简单，而且很有趣。

香草茎部插条

香草是水中扦插生根的最佳选择。插条便是植物的一截。茎部插条便是一截茎部，8～10厘米长，上面有完好无损的生长点以及几组叶子，底部是茎。寻找这些植物上较为柔软、不开花的茎。如果你要从菜园里剪插条，春天和初夏是最理想的，因为那时会有很多鲜嫩的香草。如果你打算用买来的香草，延长它们的生命，在菜店选购时，一定要选择茎部干净的香草。你做饭时肯定不想用黏糊糊的菜，把它们种植再生也不会有好的收获。

大多数香草的种植再生过程都是一样的。这里列出一些很容易种植再生的香草：

- 罗勒
- 薄荷
- 鼠尾草

- 芫荽
- 牛至
- 百里香

- 香蜂草
- 欧芹

如何种植再生香草茎部插条

需要一个透明的玻璃瓶（这样你就可以看到根部的生长！），干净的水，一条干净的毛巾，剪子或厨房剪刀，以及来苏水或异丙醇。

种植小窍门

不断地使新移植的植物生根，可以让罗勒整个夏天都茁壮成长。当植物在地里生长几周后，剪下顶端，带入室内将其生根。

a

1. 清洗用于生根的瓶子，并用干净的毛巾擦干。（你肯定不希望里面出现任何会导致插条腐烂的细菌或真菌。）

2. 在瓶里装上室温的水。如果水中氯气很重，可以放置几天再使用（盖上盖子）。

3. 用来苏水或异丙醇给剪刀消毒。

4. 准备插条时，将植物底部5～8厘米的叶子都去掉，因为它们在瓶中会被水淹没。只要贴住茎部位置将叶子掐下来就可以了。见图 a。

b

5. 将插条放在流水的水龙头下，剪掉底部，保持切口新鲜。

6. 立即将插条插入水中。见图 b 。

7. 将罐子放在光线明亮的地方，但不要放在下午有阳光直射的地方。

8. 每隔几天换一次水，保持水的新鲜，避免细菌和真菌疾病。

收获并继续种植！

所有香草的茎部插条都相当容易生根。不同的植物生根所需时间长短不同。有些植物只需四五天就能生根，有些则需要2周时间。较软的插条往往比木质的插条（如迷迭香或鼠尾草）生根更快。

按照我们在第1章中谈及的分类方式，香草可以分为两类。其中一些是一年生或二年生植物（芫荽、罗勒、欧芹），另一些是多年生植物（薄荷、鼠尾草、迷迭香）。知道你种植的是哪种类型是有好处的，这样你就能知道会种出什么来。

如果你想让香草长大，收获更多的叶子，就需要把它们种到花盆里，可以放置在室内，也可以放置在户外。植物开始长出新叶后，就可以时不时地收获几片叶子。

最终，一年生草本植物会开花并结籽。这时，它们的生命历程就基本上已经完成，注定要被扔去堆肥。多年生草本植物将继续生长。它们在冬季可能会休眠，但在春季会再次长出叶子。

在户外光线充足的地方，所有的香草都会生长良好。

在光线充足的条件下，罗勒很容易在室内种植再生。

种植小窍门

香草都需要充足的光照，如果你打算在室内的花盆里种植，可以研究一下小型生长灯。如果你不想买生长灯，一旦它们在新的容器中稳定下来，就可以把它们移到明亮、阳光充足的窗台上，只要它们能生长，就可以享受美味。然后再用更多插条生根！如果你在夏天已将新植物种在了花盆里，让它们在盆中生长一段时间，然后移植到外面的花园里。移栽之前，最好对其进行耐寒处理。将花盆放在一个部分有遮挡、能防风的地方，几天后，就可以把植物种在花园里了。

买菠萝实际上是买一得二的交易：你得到一个水果和水果上面的一个新植物。

菠萝

　　种植再生菠萝可以被认为是再生食用植物的圣杯，标志着你真正认真地对待这项技艺。种植再生菠萝可能需要几次尝试才能看到结果，所以如果第一次尝试没有成功，不要灰心。

　　菠萝的种植再生实际上是整株植物重新生根的问题。菠萝是凤梨科的成员，这一科的植物中有许多在中心植物开花时通过生长出新的植株（幼枝）进行繁殖。菠萝的顶部就是这样一根幼枝。它会生长，并最终开花、结出果实，也就是我们所知道的菠萝。（这可能需要几年时间。）

　　这项工作遵循"高投入=高回报"的公式。当你能指着一株正在形成小菠萝的菠萝说"这是我种的"，可是相当自豪的。这可不是每个人都能成功的事。

如何种植再生菠萝

需要一把锋利的刀，一个杯子，牙签，盆栽土，一个直径20~30厘米的花盆和一个浇水壶。

1. 准备菠萝，用一只手紧紧抓住顶部根上，靠近顶部与菠萝果实连接的地方，另一只手按住菠萝果实。见图 ⓐ。

2. 扭动并向上拉动顶部，直到将其从果实上取下。

3. 撕去底部三分之一的叶子，露出茎部。见图 ⓑ。

4. 用刀切掉茎底部1.5厘米，并去掉仍然附着在茎底部的所有果肉。

5. 将菠萝茎放在水杯中。如果你愿意，可以用牙签将菠萝顶部悬挂在杯中，只让底部停留在水中。见图 ⓒ。

6. 让茎长出根和新叶，一旦长出，就可以移植到花盆里。仔细照料，做好长时间培育才能收获可食用果实的准备。

继续种植！

当你看到菠萝茎上发育出根系时，将其移植到花盆中。将生根区域和茎的底部埋入5厘米深，可以修剪掉所有干枯的叶子或叶子上干枯的部分。

菠萝最终会从植物的中心开始长出新叶。植株从顶部在水中生根到可以种植到土壤中，可能需要长达9个月的时间。可能要等两年或更长时间才会结出果实，但在此期间，它的生长很有趣。将菠萝放在光线明亮的室内。如果你想在夏天把它移到户外，在移到阳光下之前，先把它放在一个受保护的、有遮挡的地方几天，让它变得更加耐寒。

▶ 如果你种植再生了菠萝，聊天时就再也不缺有趣话题了。

参考资料

　　本书旨在帮助你开始种植手头上有的东西，可以作为参考。要想更上一层楼，在户外种植更大的花园，你需要更多的参考资料。以下是我最喜欢的一些关于种植户外花园的书籍。

Beginner's Illustrated Guide to Gardening: Techniques to Help You Get Started, by Katie Elzer-Peters. Cool Springs Press, 2012.

Container Gardening Complete: Creative Projects for Growing Vegetables and Flowers in Small Spaces, by Jessica Walliser. Cool Springs Press, 2017.

DIY Projects for the Self-Sufficient Homeowner: 25 Ways to Build a Self-Reliant Lifestyle, by Betsy Matheson. Cool Springs Press, 2011.

Foodscaping: Practical and Innovative Ways to Create an Edible Landscape, by Charlie Nardozzi. Cool Springs Press, 2015.

The Home Orchard Handbook: A Complete Guide to Growing Your Own Fruit Trees Anywhere, by Cem Akin and Leah Rottke. Cool Springs Press, 2011.

Perennial Vegetables: From Artichoke to Zuiki Taro, a Gardener's Guide to Over 100 Delicious, Easy-to-grow Edibles, by Eric Toensmeier. Chelsea Green Publications, 2007.

Practical Organic Gardening: The No-Nonsense Guide to Growing Naturally, by Mark Highland. Cool Springs Press, 2017.

Pruning, An Illustrated Guide: Foolproof Methods for Shaping and Trimming Trees, Shrubs, Vines, and More, by Judy Lowe. Cool Springs Press, 2014.

Raised Bed Revolution: Build It, Fill It, Plant It ... Garden Anywhere!, by Tara Nolen. Cool Springs Press, 2016.

索 引

致　谢

我写书是因为我热爱写作，非常感谢你们，我亲爱的读者，感谢你们拿起这本书，希望你们能从中获得乐趣。没有读者，就不需要作者。

这本书从一个想法变成美丽的现实得到过很多人的帮助与指导。克里斯滕·伯默尔（Kirsten Boehmer），我的摄影师，为那些可能看起来很丑的厨余拍摄了华丽的照片。他是我这个项目的最佳拍档。每个作者都需要编辑，我很感谢埃莱萨·洛赫那（Alyssa Lochner）和那些帮我的文字渐渐成形的文字编辑和园艺编辑。一切最初只是文字，美编们把它塑造成你愿意阅读和研究的东西，所有人都应对他们表示感谢。我在北卡罗来纳州威尔明顿的Spoonfed Kitchen & Bakeshop餐厅驻扎了许多个下午，在那里写作。在这里我的茶杯满满的，总播放着我最喜欢的音乐——来自男孩乐队，在他们的堆肥箱里我总能翻找到可以种植再生的厨余。（嗨，金，马特，那些甜菜就是你们的！）如果没有我亲爱的丈夫乔（Joe，他无比耐心，承担着洗碗和取餐的重任），如果没有我父母鲍勃（Bob）和乔伊（Joy）的支持和爱，我永远无法完成这本书。

图片来源

Photography by Kirsten Boehmer, except the following:

Shutterstock, pages: 10 top, photosync; 10 bottom, Kazakova Maryia; 11, Rimma Bondarenko; 12, akiyoko; 13, Graham Corney; 15, zhekoss; 16 left, Vanitytheone; 16 right, sichkarenko.com; 17, lauraslens; 19, asadykov; 20 top, Africa Studio; 20 bottom, Bosnian; 27, Gary Perkin; 32, Kymme; 36, Lotus Images; 38, Swapan Photography; 39, PosiNote; 54, tamu1500; 55, marekuliasz; 59, JeepFoto; 61, tag2016; 62, Ishchuk Olena; 64, Rostovtsevayu; 65 bottom, polaris50d; page 72, Olya Detry; page 74, Mariusz S. Jurgielewicz; page 79, Garsya; 80, locrifa; 83, Cora Mueller; 85, Ivan Masiuk; 87, Swellphotography; 88, DenisNata; 89, Donald Joski; 90, Dean Stuart Jarvis; 91, tchara; 92, Anna Grigorjeva; 93, NataliaL; 94, Ilzira; 95, Catalin Petolea; 97 top left, Aleksandar Grozdanovski; 97 top right, fotocat5; 100 left, Subbotina Anna; 113 bottom, Viktor1; 119, Fausta Lavagna; 120, Dmitrij Skorobogatov; 122, Norrabhudi; 123, Viktoriia Drobotova.

Illustrations by Shutterstock/Ann Doronina and Shutterstock/mart

作者简介

　　凯蒂·埃尔泽–彼得斯从能走路起就开始做园艺了。她在普渡大学获得了公共园艺学学士学位，在朗伍德花园和特拉华大学合作的朗伍德研究生项目中获得了公共花园管理的硕士学位。

　　完成学业后，凯蒂曾在美国各地的植物园担任过园艺师、园长、教育项目主任、发展官员和经理。她创作了8本书，均由冷泉出版社（Cool Springs Press）出版，这些书包括：《园艺初学者图解指南：帮助你入门的技术》（*Beginner's Illustrated Guide to Gardening: Techniques to Help You Get Started*），《微型花园：设计和创造微型的室内外仙女花园、盘中花园、陶罐花园及其他》（*Miniature Gardens: Design and create miniature fairy gardens, dish gardens, terrariums and more—indoors and out*），《中大西洋地区园丁手册》（*Mid-Atlantic Gardener's Handbook*），以及5本关于蔬菜种植的书。她还匿名撰写和编辑了几十本园艺书籍，并担任专业景观设计师协会季刊《设计师》的主编。

　　凯蒂与她的丈夫还有家中的多只狗狗在北卡罗来纳州的沿海城市威尔明顿（8区）生活，践行园艺。她开办了文字花园有限责任公司（The Garden of Words, LLC），这是一家专门为园艺行业客户提供服务的营销和公关公司。